高等院校艺术设计类"十三五"规划教材

FOUNDATION OF PHOTOGRAPHY

摄影摄像基础

主 编 薛志军 张 朋
副主编 蒋建兵 郭绍义

编 委 赵乃鉴 王 芊 叶 红
　　　 傅 遥 李 鼎 焦 阳
　　　 闫水田

U0190059

中国海洋大学出版社
·青岛·

图书在版编目（CIP）数据

摄影摄像基础 / 薛志军，张朋主编. — 青岛：中国海洋大学出版社，2018.1
ISBN 978-7-5670-1713-9

Ⅰ. ①摄… Ⅱ. ①薛… ②张… Ⅲ. ①摄影技术－基本知识 Ⅳ. ①TB8

中国版本图书馆 CIP 数据核字(2018)第 035957 号

出版发行	中国海洋大学出版社		
社　　址	青岛市香港东路 23 号	邮政编码	266071
出 版 人	杨立敏		
网　　址	http://www.ouc-press.com		
电子信箱	tushubianjibu@126.com		
订购电话	021-51085016		
责任编辑	由元春	电　　话	0532-85902349
印　　制	上海长鹰印刷厂		
版　　次	2018 年 2 月第 1 版		
印　　次	2018 年 2 月第 1 次印刷		
成品尺寸	210 mm×270 mm		
印　　张	13		
字　　数	347 千		
印　　数	1～3000		
定　　价	68.00 元		

前 言
Preface

　　摄影摄像基础一直以来都是艺术类院校的重要基础课程，无论是国内还是国外的高等院校，都将其定为艺术学方向的必修课程。其涉及专业包括视觉传达设计、摄影专业、影视摄影与制作、影视动画、数字媒体艺术等。此课程的教学目的，一方面是使学生掌握摄影艺术、影视摄影艺术表现的技术技巧与基本创作规律及其艺术发展的时代背景；另一方面是为设计实践、影像艺术实践提供详尽的知识解读与灵感来源。近年来，高等院校的一些其他相关实践类专业也开始将其作为选修课程，以拓展学生的艺术实践能力与创意灵感来源。

　　对于在影像文化背景下成长起来的年轻一代来说，摄影与摄像艺术是与时俱进、兼具科学属性与美学属性的重要艺术实践课程。在数字技术全球化发展的趋势下，全球的影像实践者已站在同一起跑线上，新科技的不断产生大大激发了人类创造高品质影像作品的热情，高度且迅速的信息化趋向使我们的影像艺术交流与展示也变得更容易。这就要求《摄影摄像基础》的内容编排要以一种开放的视野，科学、缜密地梳理出摄影与摄像知识的构成关系与视觉语言体系，让学生从影像技术与艺术观念的发展嬗变中理解摄影与影像语言的造型特点和表现规律，理解数字化时代的摄影与摄像实践已经从传统感光材料走向多元化数字影像媒介这一转变。从具体的优秀摄影摄像作品出发，通过对比梳理出当代影像艺术的语言特征、创意理念与思维方式，从而在当代艺术实践中体会摄影摄像艺术的魅力与艺术价值。

　　另外，《摄影摄像基础》这本教材侧重鼓励学生参与到当代影像艺术创作实践中去，引导学生熟练使用摄影摄像造型技术技巧作为主题观念和艺术语言表达的具体手段，调动和发掘学生的摄影摄像思维能力与影像语言创新能力。通过引入具体优秀摄影作品与经典影片案例分析，丰富教材的阅读内容与可读性，加强教材的实用性与当代性。相较于传统教材而言，这些内容的引入必将受到读者的肯定和欢迎。

　　本教材在编写过程中得到著名摄影家、摄影教育家刘立宏教授与林简娇教授的鼓励与指导，以及美术学院摄影系同事的支持与帮助，在此一并表示感谢！

　　由于编者水平有限，书中不足之处在所难免，恳请广大读者朋友批评指正。

编者

2017年10月

教学导引

一、教材适用范围

本教材包含摄影和摄像两个专业的专业基础知识。教材内容涵盖了两门课程较全面的知识点，是学生掌握两门基础课必备的教材之一。教材力求通过合理的内容结构使学生顺利地了解相关知识点。课程以摄影和摄像两部分内容的教学要点为主导，以能够使学生顺利投入实践为依据，通过对实操各环节的逐一讲解与作品实例的分析过程来强化训练，激发学生的主观能动性和创造力。本书适用于高等院校摄影和摄像专业的师生，是全面介绍摄影摄像实操技术环节的参考用书，更可以成为社会相关人员培训的针对性教材。

二、教材学习目标

1.了解摄影和摄像拍摄的操作方法、专业特点及相关的知识点。

2.掌握摄影和摄像的作品风格和不同类型的拍摄特征。

3.熟悉相关技术规范及实践特点，使学生能够完成各类型摄影和摄像作品的创作。

4.培养学生系统、全面、创新的实操能力，使学生明确各类型摄影和摄像作品的拍摄要点。

三、教学过程参考

1.基础内容及资料的整理。

2.案例及大师作品资料收集。

3.作业循序渐进。

4.拍摄与点评。

5.作业完成与反馈。

四、教材建议实施方法参考

1.课堂内容讲授。

2.案例、作品讲解与分析。

3.现场演示。

4.分组实践操作。

5.作业点评及互动。

课程与课时安排

建议学时：104

章　节	内　　容	理论课时
第 1 章	数字图片摄影技术概述	8
第 2 章	数字影视摄影技术概述	4
第 3 章	影像画面构成关系	8
第 4 章	数字画面构图	8
第 5 章	数字影像画面中的景别与角度	6
第 6 章	图片摄影的用光	8
第 7 章	影视摄影中的光线和画面色彩控制	4
第 8 章	影视画面的运动	8
第 9 章	影视剪辑	4
第 10 章	摄影摄像后期调色	12
第 11 章	摄影摄像实训	34

目 录
Contents

第1章　数字图片摄影技术概述

数字摄影是当今时代流行于世的一种影像记录和传输的方式，是使摄影更为方便的一种图像生成技术。当下，我们拥有两个主流的影像生成系统：传统胶片摄影和数字摄影。下面主要介绍数字摄影相关的内容。

1.1 数字摄影的产生与发展

数字摄影的产生源于数字成像设备的发明和推广应用，其技术一直是不断发展着的。从1839年法国物理学家达盖尔（银版摄影术）发明了全世界第一台照相机至今，已经有近180年的历史，而数码相机则是从20世纪80年代才开始出现的。相比传统的照相机，数码相机虽然经历的历史不长，但其发生的技术变化以及给我们的生活带来的改变却是巨大的。

20世纪四五十年代，随着电视的出现，人们需要一种能够把在传播的电视节目记录下来的设备，随即便有了电子成像技术的产生。1951年宾克罗比实验室发明了录像机（VTR），这种新机器可以将电视转播中的电流脉冲记录到磁带上。1956年，录像机开始大量生产，这被视为电子成像技术的产生。

1969年10月，美国贝尔研究所的鲍尔和史密斯将可视电话和半导体泡存储技术结合，设计了可以在数码相机里沿半导体表面传导电荷的"电荷'泡'器"（Charge "Bubble" Devices），它是CCD（Charge-Couple Device，电荷耦合元件）器件的原型，但是那时还不能记录静态的影像。当时发明CCD的目的是改进存储技术，元件本身也被当作单纯的存储器使用。随后人们认识到，CCD可以利用光电效应来拍摄并存储影像。

1970年，贝尔实验室进行了相关实验。CCD阵列是由喷气推进实验室于1972年研制成功的，尺寸是100×100像元。商业CCD也在同一时期由Fairchild公司推出。当时的CCD增益非常低，只有百分之零点几，比照相底片稍高。

1975年，在美国纽约罗彻斯特的柯达实验室中，一个孩子与小狗的黑白图像被CCD传感器获取，记录在盒式音频磁带上。这是世界上第一台数码相机获取的第一张数码照片，影像行业的发展就此改变，史蒂文·赛尚（Steven Sasson）成为"数码相机之父"。数码相机的发展是一条漫长的道路，在20世纪70年代末到20世纪80年代初，柯达实验室产生了1000多项与数码相机有关的专利，奠定了数码相机的架构和发展基础，让数码相机一步步走向现实。1991年，柯达终于推出了第一台商品化的数码相机。

1.1.1 数字摄影的发展历程

数字摄影的发展大约可以按年代分三个阶段去了解，它基本是伴随着感光元器件像素数级别的进步和机型的重大革新而发展的。

（1）第一阶段——20世纪八九十年代，起步和初级产品阶段

  1973年11月，索尼公司正式开始了"电子眼"CCD的研究工作，在不断积累技术的基础上，于1981年推出了全球第一台不用感光胶片的电子相机——静态视频"马维卡（MAVICA）"（图1-1-1）。该相机使用了10mm×12mm的CCD薄片（图1-1-2），采用小型磁盘作为存储媒介，只靠3节AA电池供电，光路结构近似于单反，甚至可以更换镜头（三支专用镜头的参数分别是25mm f/2、50mm f/1.4以及16-65mm f/1.4），分辨率达到了570×490（27.9万）像素，在分辨率方面远远超越了1975年柯达样机上所采用的那块CCD。MAVICA的重要意义是首次将光信号改为了电子信号传输，采用电子磁性记录的方式记录静态影像，这就是当今数码相机的原始雏形。

图1-1-1 索尼的MAVICA相机

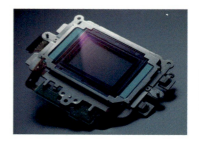

图1-1-2 感光元器件

  1984～1986年，松下、COPAL、富士、佳能、尼康等公司也纷纷开始了电子相机的研制工作，相继推出了自己的原型电子相机。数码生命就此开始大爆发。

  1988年富士与东芝在德国科隆博览会上展出了共同开发的使用闪存卡的Fujixs数字静物相机"DS-1P"。在这前后，富士、东芝、奥林巴斯、柯尼卡、佳能等相继发表了数码相机的试制品，不过这类产品都还算不上真正意义的数码相机——它们虽然抛开了银盐胶片改用CCD感光，但在数据存储方面都还没有做到"数字化"。

  1991年，柯达推出了DCS100电子相机（图1-1-3），首次在世界上确立了数码相机的一般模式，此后这一模式成了业内标准。对于专业摄影师们来说，如果一台新机器有着他们熟悉的机身和操控模式，上手无疑会变得更加简单。为了迎合这一消费心理，柯达公司将DCS100应用在了当时名气颇大的尼康F3机身上，内部功能除了对对焦屏和卷片马达做了较大改动，所有功能均与F3一般无二，并且兼容大多数尼康镜头。

图1-1-3　柯达DCS100电子相机

1994年柯达商用数码相机DC40正式面世。1995年2月卡西欧发表了25万像素、6.5万日元的低价数码相机QV-10，引发了数码相机市场的火爆。1995年佳能EOS DCS3C问世，同年还推出了EOS DCS1C，开始了佳能数码单反相机发展的历史，相机数字化的序幕正式拉开了。1994年美国SanDisk公司开始生产CF卡（Compact Flash）并制定了相关规范，它最初是一种用于便携式电子设备的数据存储设备。而作为一种存储设备，它革命性地使用了闪存。

1995年世界上数码相机的像素只有41万；到1996年几乎翻了一倍，达到81万像素，数码相机的出货量达到50万台；1997年又提高到100万像素，数码相机出货量突破100万台。

1996年奥林巴斯和佳能公司也推出了自己的数码相机。随后，富士、柯尼卡、美能达、尼康、理光、康太克斯、索尼、东芝、JVC、三洋等近20家公司先后参与了数码相机的研发与生产，并各自推出了数码相机。

1997年奥林巴斯首先推出"超百万"像素的CA-MEDIAC-1400L型单反数字相机，引起行业的巨大震动；1997年11月柯达公司发表了DC210变焦数码相机，使用了109万的正方像素CCD图像传感器；同年，富士发布了DC-300数码相机；1997年MMC（Multi-Media Card，多媒体卡）由西门子公司（Siemens）和SanDisk推出。

1998年富士胶片公司推出首款百万级（150万像素）最轻小、普及型NEPIX700型数码相机；佳能与柯达公司合作开发了首款装有LCD监视器的数码单反相机EOS D2000型和EOS D6000型。1998年是低价"百万像素"数字相机成为一个新的热点和主流产品的一年，当年发表或出售的新机种有60多种，厂商有20多个。1998年9月，索尼公司向市场推出新型存储媒体——"记忆棒"。

1999年是轻便型数字相机跨入200万像素之年，投放市场的数字相机远远超过百种，它们各有特色，代表了时代的进步。1999年6月，具有划时代意义的尼康D1横空出世，该机以尼康F100机身为基础，采用索尼提供的274万像素、23.7mm×15.6mm的APS-C画幅CCD。D1将数码单反相机带进了300万像素时代，也预示着数码单反进入快速发展和低价化阶段，开启了数码单反相机的新纪元。

1999年8月，SD卡由松下电器、东芝和SanDisk联合推出。SD卡的数据传送和物理规范由MMC发展而来，大小和MMC差不多。SD设备可存取MMC卡，反之不可。

（2）第二阶段——21世纪初的十年，高速发展阶段

尼康D1的出现给沉闷的数码单反市场吹来一阵清风，柯达一家独大的局面从此被打破。事实上，在这一时刻，除了索尼在CCD技术上的成功外，佳能CMOS图像传感器的应用也极大地推动了市场。

2000年10月，佳能EOS D30成功推出。这是第一台采用CMOS作为成像器件的数码单反相机。该机所有元件和技术都属于佳能自身，具备300万像素的D30定位准确、专业，售价仅为尼康D1的一半。它验证了CMOS技术的发展前景，也使许多用户看到了数码时代的来临，同时也预示着佳能在数码单反领域的真正独立。

从数码单反相机发展之初，人们就发现其无论画质还是色彩都无法跟胶片相比，因此在坚持像素提升的前提下，对色彩的准确还原就成了整个行业的不懈追求。2002年2月11日，美国Foveon公司公布了革命性的Foveon X3图像传感器技术，在整个业界引起了巨大的轰动。该图像传感器技术用电子科技成功模仿了"真实底片"的感色原理，依光线的吸收波长"逐层感色"，大大提高了影像的品质与色彩表现。真正采用了这种技术的数码单反相机为适马SD9，它的机身设计没有尼康、佳能等厂家成熟，但采用Foveon X3图像传感器的它依然吸引了人们的关注。

从2002年开始，数码单反相机进入600万像素时代。佳能在2003年推出了风云一时的中端产品EOS 10D。2003年9月，EOS 300D以600万像素进入市场，后来佳能将数码单反相机的像素升级到了800万。2002年9月，柯达Pro 14n和佳能EOS-1Ds先后在全球发布，它们都是拥有135全画幅尺寸影像传感器的专业数码单反相机，虽然EOS-1Ds的1100万有效像素要略低于前者，但它凭借更加专业的操控性能（EOS-1V的机身原型）笑傲群雄。2004年9月，拥有CMOS技术的佳能又前进了一大步，推出了EOS-1Ds Mark Ⅱ，其像素提升到了惊人的1670万，在35mm胶片尺寸的CMOS上实现如此高的像素确实令人惊讶。虽然自有的图像传感器技术还不成熟，但2004年尼康依然借助索尼的影像传感器技术推出D2X，凭借尼康顶级的机身、全面的功能和专业的性能及1240万像素（APS-C尺寸）博得了用户的阵阵喝彩。等待良久的时代总有其开启者，三年磨一剑的尼康D200实在锋利，凭借着1020万像素和优异的机身性能，该机不但让那些既无法承受D2X昂贵身价又不满足于入门级数码单反性能的用户有了一个不错的可选方案，还成功地让索尼新型CCD发挥威力，为其更大的量产提供了依据，开启了千万像素时代的大门。

进入2006年，柯尼卡、美能达将数码相机事业转手索尼，三星也与宾得携起手，松下则与奥林巴斯合作研发4/3系统。在2006年10月底，柯达发布了1600万像素的全画幅CCD，开启了全画幅感光元器件的新一轮竞争。

2007年，尼康D80和佳能400D等千万像素单反相机继续互相竞争，CCD除尘系统、人脸识别功能等新技术开始出现在数码相机上。

2008年，感光元器件进入1400万像素级，各个厂家相继发力，出品了适马SD14和宾得K20D等一批数码相机。实时取景（Live View）开始被应用在了单反上，这是一个很实用的功能，它替代不了传统的看取景器的习惯，但它在很多场合很有用。高清摄像功能也在一定范围的机型里被使用。

2009年，佳能推出了7D，它是1800万像素的相机，在技术上优于同年尼康出品的D300S（1230万有效像素）。

（3）第三阶段——21世纪的第二个十年，继续高速多元发展阶段

2010年，宾得推出了中画幅单反数码相机645D，采用有效像素4000万的柯达CCD感光元器件。各品牌继续在数码相机里普及全高清视频功能。

2010年6月，索尼首推微单相机——NEX-5和NEX-3。微单相机具有便携性、专业性与时尚相结合的特点。微单相机所针对的客户群主要是那些一方面想获得非常好的画面表现力，另一方面又想获得紧凑型数码相机轻便性的目标客户群。

2011年10月，佳能针对2012年伦敦奥运会发布了旗舰级专业全画幅数码单反相机EOS-1D X，连拍达到14张/秒，双DIGIC 5和DIGIC 4影像处理器同时内置，其内部技术的革新与使用是一次新的改变和发展。同年，索尼推出NEX-7，2430万像素的APS尺寸感光元器件的微单相机为一时之最。

2012年又是一次全画幅单反相机的爆发，尼康出品了D800（3630万像素）、D800E（3630万像素去低通滤镜版）和D4（1625万像素），佳能推出了5D3（2230万像素）、1Dx（1810万像素），这在中高端市场和专业市场引发了直接的竞争。同一年，索尼出品了第一代便携黑卡RX100，它采用了1英寸感光元器件、F1.8大光圈变焦镜头、2020万有效像素。2012年9月，索尼发布了第一个全画幅便携卡片机RX1，2430万像素，可以拍摄14Bit的RAW文件。小画幅数码相机开始进入超高像素级阶段，同时也使人们更多地关注在小画幅全画幅数码上了。

2013年，尼康推出普及型全画幅D610（2426万像素），它是性能之作，一个月之后经典复刻的全画幅Df发布。索尼除了继续更新RX1R（去低通滤镜版）外，还特别推出了微单全画幅新系统A7系列（A7是2430万像素，A7R是3640万像素），它可以更换镜头，是专业级别的轻便微单相机，它的系统影响深远，具有强大的生命力。

2014年，尼康发布D4S，具备了极高的感光度ISO 409600，1623万像素级，接收14位A/D转换数据并进行综合的16位处理。索尼对此也推出了A7S，主打高感。同年6月，尼康推出了D810，继续延续高像素的强大。

2015年2月，佳能发布到目前为止最高像素的小画幅全画幅机身5Ds和5DsR，它具有5060万像素，细节再现能力强大。2015年6月，索尼更新A7 II系列，其中的A7r II采用4240万像素的背照式全画幅CMOS传感器，4K视频录制，399点相位对焦。10月，索尼更新了RX1r II，同样采用4240万像素的背照式全画幅CMOS传感器。同时，徕卡推出巨型无反SL相机。

2016年1月，尼康推出顶级系列新机D5（图1-1-4），它有着2082万像素。佳能推出1Dx Mark II。宾得推出第一台小画幅全画幅机型K-1，3640万像素，五轴防抖。2016年9月，佳能发布5D Mark IV，有效像素为3040万，是一款均衡强大的相机。2016年4月，强大的哈苏发布H6D系列中画幅数码相机，H6D-100C的感光元器件尺寸是53.4mm×40.0mm，很接近传统中画幅645胶片相机的影像尺寸，它的像素达到了1亿。这一年，4K视频拍摄功能继续普及。

2017年，索尼发布A9，它使用的是堆栈式Exmor RS CMOS，有效像素为2420万。尼康推出D850，一款划时代的强大相机，它采用背照式全画幅CMOS传感器，有效像素为4570万。

图1-1-4 尼康D5

1.1.2 数字摄影的基本特性

数码相机采用了感光元器件（或称影像传感器）来代替胶片记录影像，其根本是传感器的分辨率和记录颜色性能等参数达到了极高的实用要求，实际上我们不断关注的传感器的像素级和颜色位深是很重要的，它们直接影响到数字摄影的输出应用。

再者，随着机身分辨率的不断提高，对相匹配的镜头的参数要求也水涨船高，新的镜头科技不断被研究出来提高影像品质。对于镜头，不同画幅的机身应该使用相匹配的镜头，不匹配的要么不能用，要么就需要改变焦距来用。这跟胶片相机的统一性不同，数码机身的各厂家标准不尽相同，应仔细比对，了解清楚用途再选用。

数码相机使用的经常性观看影像的装置是电子取景屏，有的相机在拍摄时可以使用机身顶部的光学取景器，有的干脆就使用机背面的电子取景屏来拍摄取景对焦，两种不同观看模式所拍摄的影像可以在电子取景屏上回放，甚至放大细节，查看疏漏，以便就地更改再拍。

数码相机是高耗电设备，尤其是电子取景式的相机，如微单，所以备足电池是很重要的工作条件。

1.1.3 数字摄影与传统摄影的区别

数字摄影是泛指通过光学设备对目标景物的曝光，采集的画面经过设备内的数字化芯片运算成电子信号并存储在记忆装置里，可以适时显示在设备的电子取景屏上，经过数字化了的图像文件可以直接在电脑等电子设备上方便地读取显示、处理修改、转换格式、多元输出。

传统摄影是摄影术发明以来对使用传统感光材料进行摄影的通称。一般用光学设备直接曝光拍摄，画面投影在胶片上形成潜影，通过化学方法显影定影，得到正或负像的底片，再通过暗房放大照片或直接制作幻灯片来得到最终的输出结果。

数字摄影和传统摄影主要有以下区别：首先，记录影像的载体是不同的，前者是电子驱动的存储卡，后者是化学处理的胶片。其次，超过100％放大以后所形成的失真观感是不同的，前者是数字化放大后马赛克的堆积，后者是化学法放大后颗粒的堆积。再次，数字摄影直接可以观看，后期可以直接处理修改，提高了摄影拍摄的成功率，是直观方便的摄影系统，特别适合现今社会主流专业摄影和商业摄影的应用；而传统摄影要经过不直观的曝光、冲洗胶片、放大照片，加工流程更烦琐，效率更低，影响最终效果的可能性更多，这使得传统摄影现今已成了一些艺术摄影采用的手段；最后，数字摄影的发展迅猛、精度提高，始终离不开电力的驱动，而传统摄影基本在成像科学上不再有大的进步，有部分相机不依靠电力也可以摄影曝光，这在一些条件下是比较重要的选择。

在一些应用实例中，还有可能使用传统摄影得到底片，然后通过胶片扫描仪把影像数字化成图像文件，以便使用电脑软件对图像进行修改处理或多元输出。

传统摄影的设备发展到现在，画幅从小到大，相机和镜头产品是巨量的可用资源；而数字摄影的设备发展到如今，才覆盖到中画幅数码的阶段，还有一定的提升空间。

1.2 数码相机的基本介绍

数码相机是现代最流行、应用最广、最方便的摄影工具，人们使用它来记录各种影像甚至视频、音频。从开始有数码相机发展至今，它经历了外形、功能、画质、操作等方面的极大变革。数码相机的应用让人们的生活和专业体验达到了较高的高度，人们信赖数码相机记录的真实和质量。

1.2.1 数码相机的特性

随着数码相机的研发和应用效果越来越好，它的特性也逐渐凸显出来。

数码相机的优点主要有以下几点：① 拍摄以后可以马上在显示屏上看到回放影像，甚至放大观看细节，如对前面拍摄结果不满意，提供了就地重拍的可能性，减少遗憾的发生；② 因为拍摄所得图像记录在存储卡上，因此可以大量拍摄图像，结束后修改处理需要的图像，再选择打印等输出方式，大幅度降低了成本消耗，提升了效率；③ 因为不再使用胶片，色彩还原和色彩范围不再依赖胶片的质量；④ 相比拍摄胶片来说，数码相机可以每张随时调整感光度、白平衡，这两点非常方便，对于曝光和原色再现都有积极的作用；⑤ 数码相机产品非常丰富，画质越来越高，完全可以应用在日常的各种专业摄影领域；⑥ 数码相机的操作比较简单、模式化。

数码相机也存在如下缺点：① 由于成像是在感光元器件和图像处理芯片之间进行转换，图像在由光学到数字化转换过程中，相比胶片相机拍摄加工的图像在层次感上稍欠缺；② 各个相机厂家的图像处理芯片不同导致图像颜色风格可能有差别；③ 维修不再是简单的拆装零件，可能是直接更换组件，致使费用提高。

1.2.2 数码相机的种类

数码相机可以从不同的分类法上去了解。

从成像画幅来分类的话，数码相机可以分为小画幅数码相机和中画幅数码相机两大类。小画幅数码相机又可以分为非全画幅数码相机和全画幅数码相机。其中小画幅的非全画幅数码相机是泛指捕捉影像的感光元器件的大小为小于全画幅36mm×24mm的尺寸，即包括流行的单反或微单的格式DX或APS-C或微型4/3系统，也包括便携普及类型的1英寸或1/2.3英寸或1/3英寸的感光元器件。小画幅的全画幅数码相机采用的感光元器件的尺寸就是36mm×24mm。另外，中画幅数码相机主要有两种感光元器件的规格：44mm×33mm和645（实际为53.7mm×40.4mm）。到目前为止，暂时还没有真正意义上的大画幅数码相机。一般来说，成像的感光元器件面积越大，像质越好，这是由放大率来决定的。

从取景结构来分类的话，数码相机可以分为单镜头反光取景数码相机（图1-2-1）、旁轴取景数码相机和电子取景数码相机这三类。其中单镜头反光取景数码相机，简称单反数码相机，是最主流高质量的数字影像采集设备，它的光学系统来源于传统胶片摄影时代的单反相机，具有最雄厚的技术底蕴和庞大的镜头资源。单反数码相机是使用光学的取景和对焦系统来观看镜头前的景物，摄影师判断是否摄取某个瞬时的画面，由机内的感光元器件来采集影像，通过芯片将图像转化成数字信号记录在存储卡上形成单个文件。单反数码相机的结构主要包括成45°倾斜面的反光镜、景物光投影用的屏和光学五棱镜（或起到相似作用的折返镜面）这三个主要取景部件。单反数码相机这种取景结构的最大优点是观景舒适直观，这类相机的开机反应也很快，适合专业领域使用，比如新闻报道、人文拍摄、时尚人像、商业产品等。单反数码相机有小画幅的，也有中画幅成像尺寸的。旁轴取景数码相机，简称旁轴数码相机，是属于便携小巧类型的数字影像采集设备，它的光学结构来源于传统胶片摄影时代的旁轴相机，具有悠久的历史。旁轴数码相机是使用光学取景和测距对焦系统来观看面前的景物的，与单反不同的是，旁轴的取景通过机身顶部的光学取景器而单反通过镜头。当摄影曝光时，旁轴相机通过镜头来成像，由机内的感光元器件来采集影像，通过芯片将图像转化成数字信号记录在存储卡上形成单个文件。旁轴取景的特点是，取景和摄影不是在一个（或重合于一个）光轴上，即取景和摄影的画面可能存在视差，摄影距离越近视差越明显。摄影实际上要在取景的右下方画面上多摄取一点，但有比较高级的相机在取景器上有视差补偿装置，在对焦越来越近时，取景框会向右下方补偿性地移动，这样就使得摄影取景构图和摄影实际构图更吻合，解决了旁轴先天的一大弊病。旁轴数码相机有手动对焦结构的，也有自动对焦的。旁轴由于比较轻小，比较适合外拍携带，而且旁轴相机绝大部分都是定焦镜头，拥有着极高的成像质量，所以说它是便携和画质完美结合的产物。旁轴和单反数码相机机背都有一个比较大的电子屏幕，可以用于显示已经拍摄记录的图像，以便于摄影师查看效果和计算得失，方便进一步的摄影操作。而第三类的电子取景数码相机，机背也有一块电子显示屏，并且它是通过机内感光元器件完全依靠这块屏幕来取景对焦进行摄影操作的。所以这类相机因为没有任何光学取景装置，可以把相机做得更加小巧紧凑，这就产生了时髦的无反（微单）数码相机。当然也有一些相机是例外的，它们做成了单反的外观，在同单反相同位置的取景窗口看到的却是内里电子取景的画面，关闭电源画面消失，这和单反的光学取景完全不同，这类相机也称为单电数码相机。

图1-2-1　单反数码相机

1.2.3 数码相机的参数

选购和使用数码相机，有很多参数可以比较，但其中几个重要的参数可以对比考虑和科学地发挥其作用，比如机身上的感光元器件尺寸和有效像素、感光度范围和高感素质、测光技术和参数、动态范围表现、色深，镜头上的焦距、变焦或定焦、最大光圈和最佳光圈、防抖功能等。

（1）感光元器件尺寸

感光元器件尺寸（图1–2–2）主要有中画幅645数码相机的两个：53.4mm×40.0mm、44mm×33mm；小画幅数码相机几个由大到小排列：全画幅36mm×24mm、DX 23.5mm×15.7mm、APS–C 22.5mm×14.0mm、4/3系统17.3mm×13.0mm、1英寸、1/2.3英寸、1/3英寸。如传统胶片相机的规律，同时期的产品技术条件下，理论上越大的感光元器件尺寸画质越好。

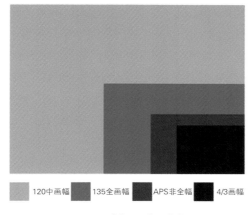

图1–2–2　感光元器件尺寸对比

（2）有效像素

像素（Pixel）是衡量数码相机画质的重要指标，是数码相机核心的感光元器件（或称影像传感器）的分辨率。它是由相机里光电传感器上光敏元件数目所决定的，一个光敏元件就对应一个像素，因此像素越大，意味着光敏元件越多，相应的成本就越大。像素是数码图片里面积最小的单位，像素越大，图片的面积越大。要增加一个图片的面积大小，如果没有更多的光进入感光元器件，唯一的办法就是把像素的面积增大，这样可能会影响图片的锐力度和清晰度。所以，在像素面积不变的情况下，数码相机能获得最大的图片像素，即为有效像素。与最大像素不同，有效像素数是指真正参与感光成像的像素值。最大像素的数值是感光元器件的真实像素，这个数据通常包含了感光元器件的非成像部分，而有效像素是在镜头变焦倍率下所换算出来的值。现今小画幅数码相机的有效像素在2000万左右，3600万以上属于超高像素了，以目前的技术水平，全画幅最高能达到5000万有效像素。中画幅一般成像面积较大，现今流行的规格为5000万~1亿有效像素。

（3）感光度范围

感光度范围是一个数码相机可以调整的ISO值的范围，代表了拍摄一定照度范围里的景物时可以预先设置的测光条件。常见的感光度范围大约是ISO100–12800，随着科技进步这个范围在加大，比如可能是ISO50-409600，越高的感光度可能越影响像质的表现，比如模糊、偏色、降低明度、产生噪点等。所以，数码相机的现代发展要求某些机型专攻高感光度的画质表现，即高感素质，有些相机有高感优化，能在感光度不过高的情况下进行一定的优化处理、提升画质。

（4）测光技术和参数

测光技术和参数是指数码相机上的测光模式和科技能力，是对被摄画面测光的智能逻辑算法。比如，尼康相机一直使用独家特色的矩阵测光——3D彩色矩阵测光和彩色矩阵测光，可以智能精确地测量画面曝光，而且尼康还有亮部重点测光，是适合控制亮部过度曝光的积极手段。至于其参数一般看测光范围，越广越好，有时更低的值更重要。比如，尼康矩阵测光或中央重点测光的范围是-3~+20Ev（ISO 100，f/1.4镜头，20℃）。

（5）动态范围表现

数码相机的动态范围越大，它能同时记录的暗部细节和亮部细节越丰富。这个需要专业的设备进行评测才可以得出比较客观的结论。在这点上，尼康和索尼的高档相机均有卓越的表现和口碑。当我们采用JPEG格式拍摄照片时，数码相机的图像处理器会以明暗差别强烈的色调曲线记录图像信息。在这个过程中，处理器常常会省去一部分RAW数据上的暗部细节和亮部细节。而使用RAW格式拍摄，则能让图像保持感光元件的动态范围，并且允许用户以一条合适的色调曲线压缩动态范围和色调范围，使照片输出到显示器或被打印出来后，获得适当的动态范围。

（6）色深

它是指色位深度，也是数码相机显色色阶的丰富程度。现在流行的单反或相似级别的相机几乎都是14bit A/DC色深度的，受限于色阶与动态范围之间的关系，如果提高动态范围，就会使相邻色阶之间的宽度被拉大，导致色阶层次不够丰富，色深水平下降。动态范围和色深之间应该是互补的关系。

（7）镜头焦距

镜头焦距是指镜头光学后主点到焦点的距离，是镜头的重要性能指标。镜头焦距的长短决定着拍摄的成像大小、视场角大小、景深大小和画面的透视效果。以小画幅的全画幅数码相机为例：标准镜头的焦距是50mm；常见的广角焦距从小的视野范围到大的视野范围有40mm、35mm、28mm、24mm、20mm、17/16mm、14mm、12/11mm；常见的长焦焦距从大的视野范围到小的视野范围有60mm、70mm、85mm、90mm、100/105mm、135mm、150mm、180mm、200mm、300mm、400mm、500mm、600mm、800mm、1000mm。镜头焦距越短，成像越小，视场角越大，景深越大，画面透视效果比较明显；反之，镜头焦距越长，成像越大，视场角越小，景深越小，画面透视效果比较不明显。

（8）变焦或定焦

镜头有可调焦距的类型是为变焦（图1-2-3），不可调整焦距的类型为定焦。常见的变焦有广角变焦12~24mm、16~35mm，标准变焦24~70mm、24~105mm，长焦变焦70~200mm、100~400mm、150~600mm。常见的经典的定焦有14mm、20/21mm、24mm、28mm、35mm、50mm、85mm、100/105mm、135mm、180mm、200mm、300mm。变焦方便在一个地方不动地调整视野范围，以得到较满意的构图；变焦在理论上的画质分辨率比同焦段的定焦应该低些。定焦要取得满意的构图必须前后移动寻找合适的视野范围；定焦画质理论上较高，根据结构类型不同画质有区别。

（9）最大光圈和最佳光圈

镜头在设计和制造时，一般在镜头中间设置一个光圈约束光通量。在光圈开到最大时，整个镜头的光通量是最大的，这个时候它所代表的是一个镜头的最大通光能力，常常为了拍摄较暗处的被摄体需要最大光圈比较大的镜头来赢得弱光下的摄影能力。其实，现实是同一个焦距下有不同最大光圈级的几款镜头，比如50mm的镜头，有最大光圈分别是F2、F1.8、F1.4、F1.2、F0.95等，其内部光学结构也不同，一般最大光圈越大的成本越高。实际使用中，最大光圈往往是一个镜头分辨力最弱的时候，当收缩光圈像质分辨力马上有显著的提高，一般收缩两到三档光圈可能得到这个镜头最高分辨力的画质，这个光圈就是最佳光圈。常见数码相机的镜头，其整档光圈从最大到最小有：1.0、1.4、2.0、2.8、4.0、5.6、8.0、11、16、22、32、45、64。

（10）防抖功能

最早推出防抖概念的是尼康，它在1994年推出了具有减震（VR）技术的袖珍相机（图1-2-4）。常常因为使用了较低的快门速度而使得手持拍摄的画面发虚，这样防抖功能应运而生，各个厂家的防抖技术不同，防抖能力也不同。比如，尼康70-200mm f/2.8E FL ED VR镜头在标准模式下的防抖可以允许调低快门速度约4档。

图1-2-3　尼康变焦镜头24～120mm

图1-2-4　尼康的自动与手动对焦切换、VR防抖切换

1.3 数码相机操作与存储介质

数码相机的操作在机身上可以分为两个主要部分，即后台菜单项调整和拍摄参数控制；在镜头上主要是对焦、变焦、防抖等功能的使用。在机身上，在拍摄之前应该先进入后台菜单进行必要项的调整和确认，以提供拍摄时的先决条件。最重要的基本必要项有图像（视频）文件格式和尺寸和图像质量（视频帧数）、画面比例、图像风格和锐度反差饱和度、对焦模式和区域设置、感光度ISO、测光模式、白平衡模式、动态范围HDR、各种降噪、色彩空间、防抖功能、图像确认和观看时间设定、格式

化存储卡或清除图像。在拍摄时，除了先设定的感光度ISO和白平衡模式需要再次确认或随时调整以外，最重要的是要选择合适的曝光模式，并经常对曝光结果进行确认甚至修改再拍。此外，对焦方式的切换也是经常性的调整操作。在镜头上，大部分的现代数码相机是通过机身来调整光圈，那么对焦就是最重要的镜头操作了，当然一般我们都会首选自动对焦，因为这种操作比人为手动对焦更精确、更快速、有效率。镜头自动对焦和手动调焦的切换，很多都是通过设置在镜头上的一个开关来实现的，有的也要机身配合同步到相同设置上（比如尼康相机）。使用变焦距镜头时，旋转或推拉变焦环会使镜头焦距有变化，在观景装置里可以看到视野范围直接的变化，选择理想的构图范围即可拍照。有些新款的镜头，尤其是中间焦距到长焦距镜头，为了使手持拍摄时不因呼吸等自然抖动而引起画面发虚，增加拍摄成功率而在镜头中加入了防抖的功能单元，在需要的时候可以启动。

相机的存储介质现在最流行的是SD和CF卡，它们存在多种读写速度的不同规格，读写的兼容稳定性也稍稍有所区别。一般来说，要注意写入存储卡的速度，因为它直接影响机身连续存储比较大的图像或视频文件的能力。目前流行的理想性价比写入是90MB/s~100MB/s，建议至少是这个写入规格的存储卡为好。在日常使用中，应该养成一个比较好的习惯，每天拍摄后把所有图像或视频存储到电脑或另外的硬盘里，然后在相机上格式化存储卡。如果你觉得存储不够安全，可以另外准备一个备份硬盘。

1.3.1 数码相机的组成结构和工作原理

数码相机有各种不同的构造，有的有较大差异，有的很雷同。不过简单来说，数码相机主要由机身和镜头组成，有些中画幅数码相机的数码部分主要是由数码后背这种设备来构成的。仔细拆分，数码相机是由镜头、感光元器件（或称影像传感器，CCD或CMOS）、A/DC（模/数转换器）、DSP（数字信号处理器）、内置存储器、液晶显示屏、可移动存储器、各种接口等部件组成的。

以单反数码相机为例，镜头前的景物光通过镜头（经过光圈的约束而）折射（有时会加入反射），到达镜头后面的机身内成45°倾斜的反光镜部位，景物光被反射到了上部的投影屏上成像，这个时候经过了一次反光镜反射的景物光投影在屏上的像和客观景物是上下正序、左右相反的，然后经过投影屏上面的一个光学五棱镜（或起类似作用的三面镜）的折射和反射后，在目镜窗口可以看到一个上下左右都是正序的适时的像，方便快速地构图拍摄（图1-3-1）。当拍摄开始时，活动的反光镜会迅速抬起升到顶部紧贴投影屏，目的是让开光路，同时光圈收缩到设定值的大小，然后快门按照设定的速度开启。这样就使通过镜头的景物光直接到达了焦点平面上的感光元器件上，开始采集模拟的图像信号，再同时由机内的A/DC转换成数字信号，经过处理器的运算记录在存储卡并把图像显示在液晶屏上。

与单反数码相机在取景观看上稍稍有些区别的旁轴数码相机和微单数码相机，它们只是在取景过程中有区别，旁轴数码相机是不通过镜头观看的另轴取景器取景，而微单数码相机是通过镜头，没有反光镜，直接用感光元器件电子屏取景（图1-3-2）。

镜头是数码相机成像的核心光学部件，镜头的好坏直接影响成像的效果。镜头的光学部分，首先是光学镜片的结构设计和光学材质的选择，其次是镀膜技术。镜头的机械和电子部分，主要集中在自动对焦的结构和效率上，然后是防尘、防溅水的做工水平上。在实际使用中，控制光圈进行曝光、自动对焦和手动对焦合理应用与效率、变焦距的适应性选择，这三部分知识是需要正确掌握和熟练操作的。

图1-3-1　尼康单反数码相机的剖面

图1-3-2　单反数码相机的透视结构

1.3.2　拍摄模式

现代数码相机的拍摄模式一般有单张拍摄、低速连拍、高速连拍、2秒自拍延时、10秒自拍延时、B门。

单张拍摄，是允许摄影师按下快门按键只拍摄一张画面，如果想再拍摄，应抬起手指再次按下快门按键。这是最日常的拍摄模式，比较适合拍摄相对静止的被摄体，它对理想瞬间的抓取可能存在不确定性。

低速连拍，是摄影师一直按下快门按键时，相机以一个比较慢的速度接连进行曝光，拍出比较连贯的画面，当想结束连拍时，松开快门按键即可。一般低速连拍的设置为3张/秒左右。

高速连拍，是摄影师一直按下快门按键时，相机以一个非常快的速度接连进行曝光，拍出非常连贯的画面，当想结束连拍时，松开快门按键即可。一般高速连拍的设置为7张/秒或更多。影响连拍持续性的可能是数码相机对拍摄图像的处理和存储记录能力，可能是图像格式和画面大小所代表的图像文件大小，也可能是存储卡的写入速度，还可能是对焦模式和效率，所以往往选择高端机身、适当的图像格式和分辨率、极速写入存储卡、连续伺服自动对焦，以提高连拍性能。

2秒自拍延时和10秒自拍延时，是按下快门按键进行曝光时，单反的反光镜抬起但快门并没有开启，而是数秒，分别等到2秒和10秒才开启快门进行曝光操作，曝光结束后各装置复位。2秒自拍延时是考虑尽可能避免放置在稳定位置的相机在曝光那一刻的人为触动和单反反光镜的机械振动所引起的画面可能发虚；10秒自拍延时是方便摄影师拍摄合影时自己也加入而预留延时。

B门，是当曝光需要长于相机内快门速度的最慢档（一般为30秒）时所采取的拍摄模式，它需要一直按下快门按键保持快门开启，直到通过另外的计时装置走时结束，松开快门按键使快门闭合结束曝光。B门应与三脚架和快门线同时使用，长时间曝光应该考虑倒易率失效的特性并补偿曝光。

1.3.3 设定图像格式和图像尺寸

在拍摄伊始，应该先就拍摄图像的格式和尺寸有个基本的概念要求和设置，在后台菜单里有相关调整选项。首先，图像的格式选择关乎摄影师将来用影像做什么？拍摄的光照条件怎样？是不是习惯于先将拍摄的图像修图后再来使用？这些问题稍稍考虑后就会得出选择什么格式比较合适。一般在高画质、高放大率的需求下，习惯修图，拍摄的光照条件不是太理想的时候，经常会首选相机的RAW文件格式来记录图像。这种图像格式相当于数字影像底片，是原始的、未经处理的、无损的格式，没有画面尺寸的设置需要，一般不可以直接更改却可以修改后形成附加文件记录变化，它可以在很大程度上后续调整拍摄参数，即使拍摄完成了也可以修改当时拍摄时的参数，一定程度地挽救或优化再现的效果。每个厂家的RAW文件格式的后缀名不尽相同，比如尼康的是NEF，徕卡、哈苏和Adobe的Photoshop的都是DNG，Pentax有DNG和PEF，佳能是CR2，索尼是AWR，飞思是IIQ。第二种常用图像文件格式是JPG，它是有损压缩的，可以在最广泛的设备上都支持使用的格式。一般这种格式会有不同的压缩比，即画质不同设置，比如超精细、精细、标准对应的是画质从高到低；也会有图像尺寸的不同选择，比如大、中、小，也意味着画质从较高到较低。还有些相机可以选择记录成TIF格式，这是一种高画质的文件格式，可以选择无压缩的存储。以尼康数码相机为例，它摄取的图像文件可以选择12位色深或14位色深的NEF格式（即RAW，有无压缩、无损压缩、有微损压缩三个选择，压缩带来的是文件大小的减小），色深越大记录的颜色越多；也可以是每个通道8位色深的TIF格式（总共色深24位，无压缩）；还可以是三种不同压缩比画质的JPG格式（精细、标准、基本的压缩比分别是1∶4、1∶8、1∶16）。至于它的图像尺寸，在NEF格式中就可以选择RAW L大或RAW S小；在TIF或JPG中可以对应不同感光元器件成像面积大小选择不同的尺寸（图1-3-3），一般也就是各种面积的大、中、小，其中最有意义的是全画幅（FX）的图像大小，最大时大约是7360×4912像素（以尼康D810为例，它的有效像素是3638万），在设置300dpi打印精度下，无损打印输出的尺寸是62.3cm×41.6cm，即这台相机不考虑插值数码放大的手段而直接无损原尺寸打印的长边是62cm。所以，先不论画质优劣，追求原生摄取并无损打印的图像尺寸越大，需要的数码相机的像素应该越高。

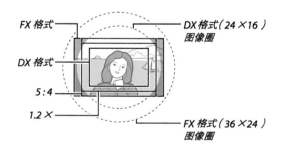

图1-3-3 设定画面尺寸

在实际应用上，记录RAW文件一般比较大，JPG比较小；RAW是想后期调片的首选，应用电脑软件修改以后必须转成其他流行的文件格式以便输出，应该计算输出是否在乎的画质损失。很多相机支持按下快门同时采集两个文件，即一个是RAW，另一个是JPG，它们是同文件名，不同扩展名（格式），JPG方便浏览看图，RAW是为了修改和高质量输出用。但是现在电脑平台对RAW文件直接观看的支持越来越方便，摄影师可以只拍摄一种RAW就足够了。另外，需要注意的是，新发布的相机虽然记录RAW的文件格式相同，但是写入的方式可能发生了变化，也就是说，电脑端修改RAW的软件应该及时更新相关插件以适应对新相机RAW文件的读取。

1.3.4 感光度设定

数码相机上有感光度值的设定，以ISO来标度，常见的是ISO50~12800或更高。整档之间还有中间档，为1/3档的精度（整档之间还有1/3和2/3档，或称0.3和0.7档），这个精度差和光圈与快门速度都是互易的关系，在数码曝光时为了维持守恒的量可以分别互易性地调整（图1-3-4）。和传统摄影比较相似的是，数码相机低感光度的设定有利于画质的极高表现，过高的感光度的设定会使画面发虚偏色。摄影师应该熟练记忆和掌握常用区间的固定值，以方便切换使用。

图1-3-4　相机的快门按键、曝光补偿按键、感光度ISO按键

在用数码相机进行拍摄之前，一般先要对照明和强度有个认识，然后根据照度强弱、拍摄条件和画质需要这三方面的条件参考预设一个可以使用的感光度。在没有先决条件的情况下，画质要求高时尽量使用ISO400以下的感光度为好，原则上越低越好。拍摄条件有时候也对感光度有限定，比如手持拍摄要注意手臂自然晃动的因素，可能在一些条件下需要提高感光度的值才能得到比较安全的较快的快门速度，以使得拍摄可以成功。还有一个最重要的变量就是被摄景物的光照条件，包括性质、方向、远近、强度等，简单说就是照度强的时候感光度可以设定得低一点，照度弱的时候感光度可以设定得高一点，这样方便手持拍摄和其他条件的互相参考。举例来说，拍摄晴天阳光里的景物可以设定ISO100或更低，进入室内在散射光的窗口附近可以设定ISO400或更高，室外阴天可以设定ISO200~400。

1.3.5 白平衡调节

数字摄影的白平衡是指被摄景物里的白色物体的显色程度是不是它应有的白色，而没有任何偏色现象，也就是说，白色的依然是白色的。如果因为各种光源的影响而使包括白色被摄体在内的所有物体的颜色都发生了偏离，这时白平衡就不是标准的，物体颜色还原也不标准。在摄影时一般会有两种白平衡调节的考虑，一是原色还原，二是主观偏色。

在原色还原的调节愿望下，可以有大概的设定调整和精确的测算调整两种方法。大概的设定调整方法就是把数码相机的白平衡根据摄影师对现场光的经验判断设定为自动白平衡，晴天、阴天、阴影、闪光灯、荧光灯、白炽灯这几种自动或固定白平衡的其中之一，以大概比较正确的色彩还原来呈现画面，这里还原准确度和光源适应度都比较高的一般是自动白平衡。另外一种精确测算调整方法是，把一张白纸放置在想拍摄景物中受同一种光照，充满画面地拍摄这张白纸并正确曝光，可能会得到一张有偏色现象的白纸的照片，进入相机后台菜单的自定义白平衡选项，指定刚才拍摄的白纸照片为要平衡的白色物体，图像的显示屏上马上会显示不偏色的白纸的照片，相机的电脑会测出偏色的色温与应该是白纸标准的色温的差值，当摄影师切换相机白平衡模式到用户白平衡时，测出的差值被当成了恒量用于校正每一幅以后拍摄的画面，这样该场景内光源的不标准性和复杂性不再影响原物的正常颜色还原。通常，这种用户白平衡测算和设置是用于对拍摄画面颜色非常专业和敏感的需要。

如果想拍摄主观偏色的照片，应该先熟悉各种光源色温和数码相机白平衡的冷暖高低，然后拍摄设定白平衡时不按照还原的标度来执行，就可能得到一个故意偏色的画面。以尼康数码相机为例，色温以K（开尔文度）来标示，有固定的白平衡档位或手动调整的色温值：AUTO自动白平衡，3500~8000K，晴天5200K，背阴8000K，阴天6000K，闪光灯5400K，白炽灯3000K，荧光灯比较复杂，包括钠汽灯2700K，暖白荧光灯3000K，白色荧光灯3700K，冷白荧光灯4200K，昼白荧光灯5000K，白昼荧光灯6000K，高色温汞汽灯7200K。手动选择色温，2500~10000K。举例来说，如果拍摄有云的夕阳，按照自动白平衡拍摄可能会有个很平淡的画面，天空很亮，暖色很淡，夕阳白色最多透一点点金黄；但若把白平衡调整为7000~10000K的任一档位，按照远处夕阳上方的天空曝光，就可能得到一张很暖并有气氛的昏暗的夕阳和天空，选设的色温K值越高画面越暖。总之，数码相机设定白平衡的值大于实际光源色温时，画面是暖色调的，值差越大暖色越明显；反之则冷。

1.3.6 测光

数码相机通常使用内部的反光式测光元件来测量被摄体反射回来的光亮度。根据测光元件的装置位置不同，主要有两种机内测光方式：一是很多旁轴取景相机所采取的，测光元件在机身上直接对着镜头的拍摄方向进行工作；二是像单反取景相机那样，测光元件在机身内部，通过镜头实际通光量来计算曝光推荐组合。

最常见的有三种测光模式：传统经典的中央重点测光、全画面智能的评价测光、小角度的局部测光或点测光（图1-3-5）。有的相机还有亮部重点测光，也是很有特色的测光模式。

（1）中央重点测光

它是相机对整个画面进行测光，但将最大比重分配给了中央区域（常常中央区域分配的比重是60%~70%，四周区域占30%~40%）。它是人像拍摄经典的测光方式，即摄影主体应该在画面的中央区域。另外，当使用曝光系数（滤光系数）大于一倍的滤光镜片进行摄影时，推荐使用这种测光模式。

（2）智能评价测光

它是一种泛称，泛指那种机内对全画面的对焦距离、色调分布、色彩构成、构图习惯（中央为主）等因素进行广泛区域的评价计算而得出一个智能结果，有的是全画面分成很多区域进行智能评价。这种测光是相机发展以来不断进步的高科技测光方法，准确率比较高。

（3）局部测光或点测光

点测光比局部测光的范围还小，它是一个小角度的测光方法，大约在画面里占4mm的直径圈（约占画面的1.5%），直径圈以当前对焦点为中心。它确保当被摄体（对焦主体）与前后景的亮度差比较大时，可以直接测量被摄体的正常曝光。其实，点测光在专业使用上的优势是从摄影位置去测量画面中标准灰（或相同明度的色调）区域，以期更准确地进行曝光。

（4）亮部重点测光

它是相机将重点考虑画面亮部的测光，避免亮部曝光过度、减少亮部细节损失的一种测光法。

图1-3-5　尼康相机的3D矩阵测光的操作

1.3.7　曝光

曝光，是指拍摄时通过镜头采集一定的照射到感光元器件上的光量，这个过程是通过感光度预设、调整光圈和快门速度的组合来控制的。这里感光度用是ISO来标示的，光圈是用光圈系数F来标示的，快门速度是用秒来计时的。一般可以理解的是，根据照度条件等因素预设感光度ISO的值后，测光开始在这个条件下工作；曝光，尤其是自动或半自动的曝光模式也是在预设感光度的条件下工作的。那么，直接控制曝光的传统理解就是光圈和快门速度。光圈是镜头上约束通过它的光通量的装置，一般是在镜头中间靠近光阑的位置设置的一个可以开大或缩小的叶片组，常见整档的光圈由最大到最小是1.0、1.4、2.0、2.8、4.0、5.6、8.0、11、16、22、32、45、64，大光圈代表光通量大，数码相机的光圈值在整档之间还有1/3和2/3档（或称0.3和0.7档）。快门是相机控制感光元器件暴露在通过镜头的景物光下的时间装置。有的快门是在感光元器件前面的位置，称之为焦平面快门；有的是在镜头中间的位置，称之为镜间快门。快门速度是以秒来计算的，常见整档的速度最快到最慢是1/8000、1/4000、1/2000、1/1000、1/500、1/250、1/125、1/60、1/30、1/15、1/8、1/4、1/2、1、2、4、8、15、30。目前最新相机的最快快门速度能达到1/32000秒，慢于30秒的曝光可以用相机的B门或T门装置，整档之间也有1/3和2/3档（或称0.3和0.7档）。

数码相机的曝光一般可以参考或执行机内对画面的测光结果，但也有可能曝光会失误，或曝光欠缺或曝光过度，所以结合适合的测光模式和习惯好用的曝光模式以期得到准确或满意的结果影像是很重要的操作步骤，有时把这看成摄影的关键也不为过。因为常常会有因不正确的曝光让不可多得的摄影机会流失或因不习惯的曝光操作错失瞬间的情况，影响摄影效果的各种因素应该在实践摄影前熟练掌握。

1.3.8　对焦

对焦，是相机通过调整机内构造来变动相距的位置，使被摄体成像清晰的过程，即使用相机调整好焦点的距离。对焦和镜头焦距没有直接的关系，但是越长的镜头焦距一般最近对焦的极限距离就越远（相对机位），而且镜头对焦时的转动角度越大。

数码相机最常见的两种对焦方式为自动对焦和手动对焦。

现代的自动对焦通常都是被动的反差检测式，是校验通过镜头的景物反差边界的清晰度来实现的；如果识别不清晰就会发出指令驱动镜头和机身的自动对焦马达工作，变动镜片构造和位置直到焦点落到感光元器件上（形成清晰边界）。手动对焦通常是旋转镜头上的对焦环，在取景器内用人眼来辨别被摄体的对焦边界是否清晰。现代数码相机大部分可以在镜头上切换自动或手动对焦，有的是在机身上进行切换控制。

　　自动对焦一般有两个模式：单张自动对焦、连续伺服自动对焦。单张自动对焦一般是将对焦点（框）对准被摄体，半按下快门按键自动对焦开始工作，对焦成功后停止对焦，如果想重新对焦可以松开半按着的快门，再重新进行对焦操作（图1-3-6至图1-3-8）。有的相机在观景器画面下方有合焦提示灯，在单张对焦成功后点亮。单张自动对焦适用于与摄影师相对距离保持不变的被摄体，对于平行于焦平面的对焦平面上的任何一个适合的轮廓都可以作为对焦目标。连续伺服自动对焦适用于移动的被摄体，尤其是与摄影师相对距离一直有变化的被摄体，把对焦点（框）一直放在被摄体上半住快门，相机和镜头会一直把被摄体对清楚，随时等着摄影师继续按下快门进行曝光操作（图1-3-9）。对于自动对焦操作，要想对焦快速和果断除了选用先进的专业机身和镜头外，需要重视的是选择的被摄体需要有足够的照明和较好反差的轮廓才行。现今不断发展的自动对焦非常智能化，一般激活画面一定区域的对焦点群识别有造型轮廓的对焦主体，极快并准确的合焦给拍摄带来了高速的反应操作。

图1-3-6　尼康相机激活　　　　　图1-3-7　尼康相机激活　　　　　图1-3-8　尼康相机激活
在中心的单一自动对焦点　　　　　在左面的单一自动对焦点　　　　　在左面的群组自动对焦点

图1-3-9　尼康相机激活连续自动跟踪对焦点

　　数码相机的手动对焦在切换使用上比较简单，只需要把镜头或机身上的对焦模式调整到手动即可。在实际对焦操作中，难度在于手动对焦是主观判断在取景器里所看到的对焦主体是否清晰，即它是虚实对焦的判断；其对焦过程是通过手动调整镜头上的对焦环，使对焦主体的像由不清晰到最清晰。鉴于手动对焦的难度和精确性，有的数码相机设置了辅助装置或功能来提升对焦成功率，比如，有的相机在手动对焦成功得到对焦主体最清晰像的时候会在取景器下方点亮合焦提示灯进行示意；有的相机在手动对焦模式下可以放大对焦主体以便仔细观察对焦效果。一般来说，手动对焦是在自动对焦功能不能实现操作的情况下来使用的，比如极暗的场景、近距离摄影、透过物体的拍摄等。

1.4 数码相机的曝光

数码相机曝光的关键是要尽量准确，只有准确的曝光才能使影像的层次丰富、颜色准确；至于比较个性的曝光是可以让画面取得一定的感染力，但可能会相对损失一些细节或质感。数码相机的曝光就是在感光度、光圈、快门速度这三者之间调整参数，有时还可以使用曝光补偿来进行修正，以达到理想的画面效果。

1.4.1 曝光与曝光量

在前文1.3.7中对曝光有了叙述，简而言之，直接控制摄影时的曝光就是调整完感光度以后的光圈和快门速度，其实这个调整曝光的过程也是在调整曝光量。调整的曝光量不一定非要按照相机内的测光推荐来执行，可以一定程度地过曝光或欠曝光以达到某种画面效果。

曝光量，是指物体表面某一面元接收的光照度Ev在时间t内的积分。通俗地说，曝光量由光圈和快门共同控制，因为曝光量＝照度×时间，光圈决定照度，快门控制时间，那么光圈和快门速度决定了曝光量的多少。影响曝光量的两个因素之间是互易的关系，即同一个画面曝光量被测得相对恒定后，可以选择不同的曝光组合，也就是说，光圈和快门速度的值这对组合是可以进行切换选择的，比如当光圈收缩了一档，快门速度就应该选择更慢一档来维持恒定的曝光量，光圈和快门速度之间就是等量互易的。把前置性摄影控制条件的感光度设定也加入影响曝光的操作的话，为了维持恒定曝光量，感光度和光圈与快门速度之间也可以互易，比如提高了一档感光度、光圈不想变化，快门速度就应该放快一档以维持恒定曝光量。但是使用感光度始终是有条件的，过高的感光度会产生噪点影响画质，过低的感光度可能不利于取得一个较快的快门速度，影响手持拍摄的稳定度；光圈直接影响景深效果以及画质和分辨力表现；快门速度可能和画面里运动的物体的再现效果有关系。这些在调整曝光变量时应充分考虑其影响效果。

1.4.2 正确曝光的概念

正确曝光是指根据景物的亮度和反射率、决定表现景物的需要，来选择光圈和快门速度的组合，正确记录景物在画面中的影像表现。正确曝光就是拍摄照片成功最主要的技术因素，这包括对颜色、影调、光效等的要求。

室外拍摄的正常情况下，被摄体的亮度经常随着周围环境的光照条件变化而改变，为了获得正确曝光，应该随时注意光量变化而调整曝光。那么怎么检测光量的变化呢？可以通过机内的测光计来观察光量的适时变化，测光后会给出一组曝光推荐组合，即一对光圈和快门速度的组合值。针对不同的摄影状况选择适合的测光模式，就可以得到比较正确的曝光推荐组合，根据经验选择执行这个组合或者进行修正曝光。

室内拍摄就简单多了，被摄体和画面环境的光照条件都是相对稳定和可控的，选择适当的测光方法就可以得到正确的曝光。

有时启用数码相机的包围曝光功能可以保证至少一张的曝光是正确或接近正确的，它可以一次采集三张同一画面内容、不同曝光的照片，即按一下快门产生了欠曝光、正好的曝光、过曝光各一个图像文件（图1-4-1至图1-4-3）。欠曝光和过曝光的差级档位可以调整选择，有的相机可以选择最大±3档之内的位置，以1/3档增减。

图1-4-1　曝光-1Ev　　　　　图1-4-2　曝光0Ev　　　　　图1-4-3　曝光+1Ev

1.4.3 曝光与光线的反射率

当被摄体受光照时，面对入射光线的反射能力称为被摄体的光线反射力，即被摄体的明亮程度。表示光线反射力大小的数值叫作光线的反射率，它是被摄体表面所能反射的光量和它所受的光量之比，常用百分率表示。一种物体的光谱反射率反映了该物体对入射光的光谱选择性吸收、光散射以及物体表面镜面反射的综合特性。

相机在设计测光系统时，自动假设画面区域的反光率都是18%，通过这个比例进行测光后得出曝光量，推荐光圈和快门速度的组合值。18%这个数值是根据自然景物的中间调（或称灰色调）的反光表现而定的，如果取景画面里白色调较多，那么反射的光线将超过18%，尤其是全白场景可能反射大约90%的入射光；反之，如果是黑色场景，反射率可能只有百分之几。在摄影工具里有一种叫作标准灰卡的卡片，将它放入被摄体同一位置接受同一光源照明，用反射式测光表或相机机内测光计把测光区域都放在灰卡上，即这时整个测光区域的反射率就是标准的18%，测光所得结果光圈和快门速度的值可以直接作为曝光执行，这样拍摄的照片在曝光上是准确的。这种用标准灰卡来测光的方法，可以忽略实际画面中被摄体白色调居多，或全场白、黑色调居多，或全场黑的特殊反射率，让测光更容易标准化，曝光更准确，而不受特殊反射率的影响。

使用标准灰卡测得的结果和正确使用入射式测光表测得的结果应该完全一样。

1.4.4 曝光模式类型和特点

现今常见的数码相机的曝光模式主要有四种：程序自动模式（P）、光圈优先自动模式（A或Av）、快门速度优先自动模式（S或Tv）和手动模式（M）（图1-4-4）。此外，一些普及型数码相机也可能有几个易用的拍摄模式，比如风景模式、人像模式等。一般各种模式的切换操作是在机身顶部的转盘装置上，识别字母所代表的模式使用即可（图1-4-5）。另外，偶尔需要应用的一些相关曝光因素还有：长时间的摄影曝光、曝光锁定、曝光补偿、包围曝光、调整动态范围应对特殊曝光条件。

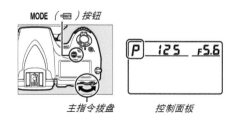

图1-4-4　尼康相机用模式键+主指令拨盘切换曝光模式

图1-4-5　用拨盘切换曝光模式

（1）程序自动模式（P）

这种模式是根据相机的测光自动选取一组光圈和快门速度进行曝光操作，摄影师可以通过机身的拨轮切换不同的光圈和快门速度的组合，选取想用的那个组合进行曝光。这种模式适合极快速反应的摄影操作，比如适合开机就拍，来不及进行曝光调整的时候；也适合对景深、动静态等效果没有要求的时候。如果拍摄时间比较从容，一般还可以结合自动感光度进一步自动化曝光处理，并且曝光补偿在这个模式下有效。

（2）光圈优先自动模式（A或Av）

这种模式是手动选调一个光圈，相机根据测光自动搭配一个快门速度（在使用机身的快门速度可调范围以内）。这种模式适合对景深效果有要求的摄影师，比如选取一个大光圈可能得到一个浅景深的画面效果。曝光补偿在这个模式下有效。

（3）快门速度优先自动模式（S或Tv）

这种模式是手动选调一个快门速度，相机根据测光自动搭配一个光圈（在使用镜头的光圈可调范围以内）。这种模式适合对画面中动体的虚实效果进行控制，比如较高的快门速度可以让动体凝固成实的像，较低的快门速度可能让动体划出虚影轨迹。曝光补偿在这个模式下有效。

（4）手动模式（M）

这种模式是手动调整光圈和快门速度，可以依据测光的结果，也可以根据经验调整，是曝光自由度最大的模式。这种模式适合有经验的摄影师，或对曝光有特殊需要的情况。相机长时间曝光的B门在手动模式下才可以使用。

（5）风景模式

这种模式是相机默认设置使用镜头的最小光圈，快门速度会根据测光自动匹配一个。这种模式适合拍摄中远处的风景，因为使用了最小光圈，会得到一个这个镜头焦距下的最大的景深，会尽量使画面中的风景都是清晰的。

（6）人像模式

这种模式是相机默认设置使用镜头的最大光圈，快门速度会根据测光自动匹配一个。这种模式适合拍摄近处的人像，因为使用了最大光圈，会得到一个这个镜头焦距下的最浅的景深，这样使得画面中人像的对焦处是清晰的，而人的前景和后景都是虚化的。

（7）长时间曝光

长时间曝光一般是在摄影时需要用比较慢的快门速度来曝光，比如在不太明亮的地方使用了很小的光圈或在暗处进行拍照。长时间曝光经常需要考虑倒易率失效的特性进行曝光补偿。

（8）曝光锁定

曝光锁定又叫测光锁定，仅在非手动曝光模式下可以使用，是在复杂的照明条件下，为了锁定画面中测光主体的曝光而不希望有别的景物光干扰（图1-4-6）。一般是右手握机时大拇指活动范围内的一个AE或AE-L的按钮（图1-4-7），有的相机按下有十秒时效，有的相机得一直按着才能锁定。最理想的曝光锁定是跟随激活的自动对焦点的点测光一起使用，但也要注意对焦主体的明度和反光率；其实用点测光在画面里寻找接近的18%标准灰去测量，并锁定曝光后再构图是比较科学的方法。

图1-4-6　曝光锁定，半按快门按键
对焦并测光，再按住AE-L按键锁定

图1-4-7　一直按住AE-L按键
锁定测光重新构图拍摄

（9）曝光补偿

曝光补偿是为了修正曝光误差而采取补偿性的平衡（正确）曝光或特殊（个性）曝光。

（10）包围曝光

包围曝光是特殊光照条件下，尤其是大面积的亮暗对比背景，为了保证至少一张曝光相对成功，或用于将来后期曝光合成而采用的曝光手段。

（11）调整动态范围应对特殊曝光条件

调整动态范围应对特殊曝光条件（图1-4-8）是指在取景画面亮部区域和暗部区域的明度差别很大，正常曝光很容易使亮部过曝或暗部欠曝，开启相机的动态范围功能后，可以在一张画面里保留亮部区域和暗部区域的细节，使对比度自然均衡。有的相机还可以调整到高动态范围（HDR），它是在相机内部合成两张分别按亮部和暗部曝光的画面，以保留更多细节，但这种合成不能生成RAW文件（图1-4-9）。

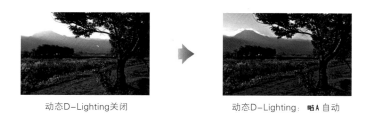

动态D-Lighting关闭　　　　　　　动态D-Lighting：啮A自动

图1-4-8　动态范围关闭和开启自动

首次曝光（较暗）　　　　　第二次曝光（较亮）　　　　　组合HDR图像

图1-4-9　高动态范围两张曝光合一

1.4.5　测光与曝光补偿

　　常常因为测光模式和区域选得不合适或测光主体明度和反光率不标准，使得按照相机测光推荐的光圈和快门速度的组合进行自动曝光可能不理想，这时可以使用曝光补偿调整画面整体的亮或暗（图1-4-10）。通常只需要调整补偿游标停留在需要调整到的档位上，相机会把曝光的自动部分加上补偿、计算并切换到最终档位上，据此得到的曝光结果就是补偿后的更亮或更暗的画面（图1-4-11）。曝光补偿在手动曝光模式下不起作用。常见的曝光补偿可以调整-3Ev（曝光不足）到+3Ev（曝光过度）的范围内，并以1/3Ev档位增减。一般情况下，向正值调整会使画面更亮，向负值调整会使画面更暗。

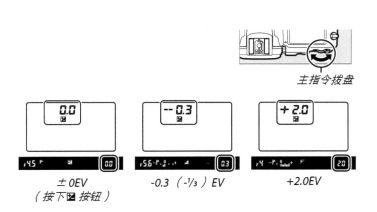

图1-4-10　尼康相机取景器内下方的曝光补偿显示

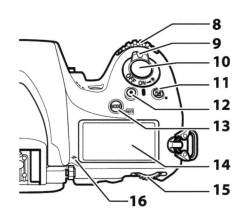

图1-4-11　曝光补偿调整，按着11转动15

第2章　数字影视摄影技术概述

2.1 数字影视摄影的产生与发展

2.1.1 数字摄像机的发展历程

数字摄像机主要是利用数字化信号记录活动影像的工具。数字摄像机是一种集光学、机械、数字感光元件、数模转换器、电声等各个学科知识及其研究成果为一体的数字精密设备。

在20世纪70年代末期，JVC推出了第一台家用型摄像机，伴随这台家用型摄像机推出的还有JVC独立开发的VHS格式（高密度视频格式，国内称为1/2录像机和1/2录像带）。VHS和S-VHS录像带尺寸较大，因而导致摄像机的体积庞大和笨重，并不适合于家庭使用。

进入20世纪90年代后，家用摄像机已从最早期的VHS、S-VHS、VHS-C发展到现在国内市场上占主导地位的V8、Hi8系统，其信号、录制质量均有了很大程度的提高，同时价格也在不断降低，使用家用摄像机已成为全世界的一股新的风潮。但这些系统所能提供的最佳解析度仍无法与广播级、专业级的摄像设备拍摄出的电视信号质量相提并论。

1995年，第一部家用数码摄像机问世。日本的两大摄像机制造商松下和索尼联合全球五十多家相关企业开发出新的DV——数码视频摄像机。新的摄像机记录视频不是采用模拟信号，而是采用数码信号的方式。这种摄像格式的核心部分就是将视频信号经过数码化处理成0和1信号，并以数码记录的方式通过磁鼓螺旋扫描记录在6.35mm宽的金属视频录像带上，视频信号的转换和记录都是以数码的形式存储，从而提高了录制图像的清晰度，使图像质量轻易达到500线以上。

DV是Digital Video的缩写，译成中文就是"数字视频"的意思，它是由索尼、松下、胜利、夏普、东芝和佳能等多家著名家电巨擘联合制定的一种数码视频格式。然而，在绝大多数场合DV则是代表数码摄像机。按使用用途可分为广播级机型、专业级机型、消费级机型；按存储介质可分为磁带式、光盘式、硬盘式、存储卡式。

从第一台数码摄像机诞生到现在，数码摄像机发生了巨大变化，存储介质从DV到DVD再到硬盘，总像素从80万到400万，影像质量从标清DV（720×576）到高清HDV（1440×1080）再到4K。

1995年7月，索尼发布第一台DV摄像机DCR-VX1000，这款产品使用Mini-DV格式的磁带，采用3CCD传感器（3片1/3英寸、41万像素CCD）、10倍光学变焦、光学防抖系统。DCR-VX1000是影像史上的一次重大变革，从此民用数码摄像机开始步入数字时代。

2.1.2 数字影视摄影的基本特性

数字摄影机最大的特点在于图像信号的数字化：图像以数字信号方式存储，便于保存、传输和重复使用，从而避免了传统胶片冲洗和转磁的图像损失。数字影像可以数字化编辑、数字化特效处理等，也可以通过计算机远距离传送，而且具有速度快、干扰小、质量高等优点。

2.1.3 数字影视摄影与传统影视摄影的区别

传统影视摄影使用的是电子真空器件（即光电导摄像管）（图2-1-1）。工作方式是在摄像机内分别装有红色、绿色、蓝色三支摄像管，镜头后的滤色镜将景物分解成三基色光像，通过三支摄像管分别得到红、绿、蓝视频信号，再由三个通道同时传送，接收时同时投射在白色荧屏上。

数字摄影机最重要的电子元件是图像传感器，主要有CCD（图2-1-2）和CMOS两种，都属于集成芯片。CCD和CMOS上面均集成了几十万到上千万不等的成像单元，我们称之为像素，像素越高，得到的图像越清晰。

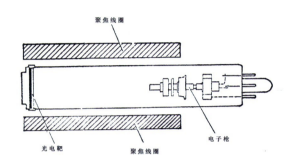

图2-1-1　光电导摄像管结构图

图2-1-2　CCD

2.2 数字摄像机的分类与特点

2.2.1 数字摄像机的分类

数字摄像机类型繁多，功能强大，按成像传感器的像素大小可分为全画幅摄影机、广播级摄影机、专业摄影机、民用摄影机；按功能可分为数字特技摄影机、数字高速摄影机、数字显微摄影机和数字航空摄影机等。

（1）全画幅摄影机

全画幅摄影机（图2-2-1）的成像传感器（CCD/CMOS）面积尺寸为24mm×36mm，等同于传统胶片摄影机的尺寸。成像传感器的面积尺寸越大，成像质量也就越高。佳能5D3是全画幅摄影机，因为传感器大的原因，它在相同的焦距段和光圈的情况下，景深要比电影摄影机更小。因此该系列机器广泛应用于婚礼MV、广告、微电影的拍摄。

（2）S35画幅摄影机

胶片电影摄影机的画幅是23.6mm×13.3mm，胶片相机的35mm要比胶片摄影机的35mm大得多，因此数字电影摄影机的画幅基本都是采用S35画幅的传感器（图2-2-2）。在景深上更接近传统35mm电影摄影机的感觉，拍摄参数基本和胶片摄影机一样，目的是用于电影院播放。这样的话，不需要再做调整。

图2-2-1 索尼A7S2

图2-2-2 Ursa Mini Pro 4.6K摄影机

（3）广播级摄影机

广播级摄影机（图2-2-3）的成像面积要比S35mm传感器小，不仅能满足电视拍摄，在相当长的一段时间里还用于拍摄数字电影。CCD的大小一般为2/3英寸。

（4）专业摄影机

专业摄影机的成像大小一般为1/3英寸，画质较好，能用于一般的电视播出，也能用于拍摄纪录片。

PXW-X280手持式XDCAM摄录一体机采用三片1/2 英寸Exmor™ CMOS成像器，实现了高灵敏度和低噪声性能，可记录XAVC Intra和XAVC长GOP格式，以及传统的MPEG HD 422 50 Mbps、MPEG HD 420 35 Mbps、MPEG IMX和DVCAM格式。作为PMW-EX280的接替产品，PXW-X280具有很多引人注目的特性，包括可实现同步录制的双SxS存储卡槽、缓存录制功能，"慢动作和快动作"功能，以及3.5英寸QHD（960×540）彩色LCD屏和17倍Fujinon专业高清变焦镜头。该镜头具有三个独立的控制环，带物理止点，变焦范围是29.3mm～499mm（35mm等效转换下）。PXW-X280内置了无线操作功能，可通过智能手机和平板设备实现远程控制、文件传输、视频预览以及流媒体功能。

（5）民用摄像机

民用摄像机，也叫消费类摄像机，其主要特点是体积小、重量轻、功能多、使用操作简便、价格较低（一般约为1万元）。民用摄像机的质量等级不如广播级摄影机和专业摄影机，多为单片CCD摄录一体机（图2-2-4）。

图2-2-3 索尼PMW-EX330R

图2-2-4 索尼FDR-AX40

2.2.2 数字摄像机的特点

数字摄像机是指摄像机的图像处理及信号的记录全部使用数字信号完成的摄像机。这类摄像机的最大特征是磁带上记录的信号为数字信号，而非模拟信号。

数字摄像机具有如下优势。

① 现场提供视觉化的视频图像。

② 对摄影师摄影过程中的具体技术控制提供帮助。数字摄像机的信息包括时间码、色温、曝光参数、感光度等，在拍摄时会形成清晰的参数，帮助摄影师拍摄，这些数据在后期制作时也能够帮助剪辑及调色。

③ 方便特技拍摄。

④ 图像质量佳。电路部分噪音的影响小，因此重放图像清晰干净，质量极佳；重放时磁带的信号失落可以得到有效补偿，画面损失少。

⑤ 记录密度高，机器体积小：数字记录能有效减小记录磁迹的宽度，提高磁带的记录密度。

⑥ 数字内容在复制、处理和传输过程中没有损失。

⑦ 可靠性高：摄影机高度精密仪器化、计算机化。数字电路的高度一致性以及数字信号对电路性能离散性的低敏感使得数字摄像机里使用机械方式进行调整的电路部分几乎为零，这大大提高了机器的可靠性。

⑧ 完美的录音音质：数字摄像机的音频部分采用数字PCM方式记录到磁带上，具有极高的保真度。

2.3 数字摄像机的构造和原理

2.3.1 数字摄像机的基本结构

摄像机主要由光学机构、摄像器件、电路处理和自动调整系统（摄像电路单元、录像电路单元）、录像器、机械系统等部分组成。

根据三基色原理，摄像机将彩色景物的光像通过光学机构分解为红（R）、绿（G）、蓝（B）3种基色光信号，通过光电变换器件转换为电信号，然后经预放、处理、编码成彩色全电视信号。摄录一体机（通常又称为摄像机）将编码输出的信号再经录像部分电路系统放大、变换等处理后，通过轴向旋转磁头记录在磁带上（或通过径向移动磁头记录在硬盘上）。

摄像机光学系统机构主要有三项功能：景物成像、基色分光和色温校正。

① 景物成像由镜头来完成。

② 基色分光：彩色摄像机镜头的基色分光由分色棱镜来完成。它由R、B、G三部分棱镜系统依次黏合，并在每块棱镜前后界面分别蒸涂不同厚度介质的干涉膜。

当光线照射到R棱镜界面时，红光R反射出来，其他光透过。反射出来的红光再通过全反射界面、谱带校正片到达R摄像管。

透过R棱镜界面的光到达B棱镜界面时，蓝光B反射出来，余下的G光透过。反射出来的B光再通过全反射界面、谱带校正片到达B摄像管。

透过的G光经谱带校正片后到达G摄像管。

光线在介质中所走的路程与介质折射率的乘积叫作光程。R、G、B三路光程应严格一致。另外，

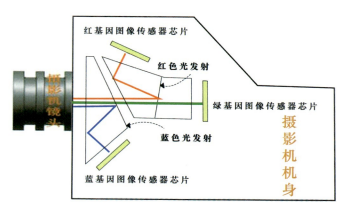

经谱带校正片校正后的R、G、B光谱带应符合接收端显示器荧光屏的基本要求。

摄像机的分光原理如图2-3-1所示。

图2-3-1 摄像机的分光原理

③ 色温校正：色温校正的办法是在变焦距镜头和分光棱镜之间加入几片不同色温的校正滤色片，利用它的光谱响应特性来校正因光源色温不同而引起的重现彩色失真。由于光源色温是连续变化的，仅靠几挡色温片是无法准确校正色温的，所选滤色片只能是粗校，准确校正还要靠自动白平衡电路来完成。

数字摄像机的摄像器件主要是固体摄像器件。摄像器件应同时具有光电转换和扫描两种功能。某些固体摄像器件将摄像管、聚焦和偏转线圈以及前置放大器等融为一体，使同一器件同时具有光电转换、扫描和放大能力，这是电子束摄像管无法比拟的。固体器件的光电转换是利用某种光电效应，使之产生与光输入相对应的电荷，这些电荷暂时存储在构成像素的微小电容内，然后扫描读出。

2.3.2 数字摄像机的成像原理

数字摄像机的成像原理为：把取景到的景物通过光学镜头形成光信号，聚集到成像传感器CCD或者COMS上，将图像分解成像素，形成模拟电信号，用模/数转换器把电信号转化为数字信号，再经数字信号处理器DSP进行图像处理，并经过图像编码压缩器压缩后存储在内部或外部存储器（存储卡、硬盘、数字磁带）上面。数字摄像机的成像质量关键在镜头、成像传感器和模/数转换器。镜头是成像质量的前提，成像传感器是成像质量的保证，模/数转换器是数字成像的条件。

数字摄像机按电视模式拍摄是每秒25帧，按电影模式拍摄是每秒24帧。不同国家的帧频是不一样的，主要是以下两种类型。

① NTSC制，北美国家和日本等采用，每秒30帧扫描。

② PAL制，欧洲国家采用，每秒25帧扫描。

2.4 数字摄像机的镜头

2.4.1 镜头类型

光学镜头的运用，最初是为了获得电影画面的技术手段，当时摄影师的唯一要求是获得清晰的影像，后来发现还可以创造空间感、透视感、深度感和节奏感，可以表现影像的虚实关系、视角的俯仰变化等。摄影镜头不仅起"曝光成像"的作用，而且积极参与艺术形象的塑造、艺术气氛的渲染以及对特定创造意图的体现。

传统的摄像机的镜头主要以变焦距镜头为主，电影摄影机的镜头以定焦镜头为主。焦距是摄影镜头的主要性能指标，它与摄影造型有着密切的关系。摄影镜头焦距的长短，决定着被摄对象在胶片乳剂平面或摄像管光电靶面上成像的大小。

传感器对角线一定的情况下，焦距越小，镜头视角越大；焦距越长，镜头视角越小。常见的镜头焦距与镜头视角对应关系如下：

14mm——114°

18mm——100°

24mm——84°

28mm——75°

35mm——63°

50mm——47°

90mm——27°

150mm——16.5°

300mm——8°

600mm——4°

镜头焦距的长短与影像放大率的关系，镜头焦距越长，影像越大。焦距是镜头的一个非常重要的指标。镜头焦距的长短决定了被摄物在成像介质（胶片或CCD等）上成像的大小，也就是相当于物和像的比例尺。当对距离相同的同一个被摄目标进行拍摄时，镜头焦距长的所成的像更大，镜头焦距短的所成的像更小。

镜头的焦距还直接影响着画面的透视效果。

（1）短焦距摄影镜头

短焦距摄影镜头，又称为广角摄影镜头。这类镜头的特点是焦距短、视角大、景深大，所摄画面具有很强的透视感。

短焦距摄影镜头适合于拍摄远景、全景画面，表现开阔的空间和宏大的场面，可使极大纵深范围内的远近景物都能在画面中获得清晰的物像，画面呈现出大景深效果（图2-4-1）。

图2-4-1 《这个杀手不太冷》 摄影指导：泰瑞·埃博嘉

（2）标准焦距摄影镜头

运用标准焦距摄影镜头所摄画面中景深的比例关系和透视关系与人眼直接观察该景物时所感受到的正常视觉效果基本一致。标准镜头的视角取决于镜头的焦距、直径以及格式的尺寸（16mm、35mm、标清或高清）。比如，16mm电影镜头的标准镜头是25mm，35mm电影镜头的标准镜头是50mm。

标准镜头的特点是成像质量好、分辨率高，从而使所摄影像清晰度高、反差适中、色彩还原好；另外，标准镜头的相对孔径大，透光性能好，在低照度下也能进行正常拍摄（图2-4-2）。因此，在摄影中，能用标准镜头拍摄的一般不再使用其他焦距的镜头，以便获得最佳的画面效果。

图2-4-2　标准焦距摄影镜头拍摄　《士兵之歌》摄影指导：弗拉迪米尔·尼古拉耶夫

（3）长焦距摄影镜头

长焦距摄影镜头的特点是：视角窄、拍摄范围小、影像放大率大、景深小（图2-4-3）。

长焦距摄影镜头在摄影中的运用：

① 拍摄景物的局部。

② 简化背景、突出主体。

③ 汇聚色彩。

图2-4-3　长焦镜头浅景深，汇聚色彩效果　《天堂之日》摄影指导：阿尔芒都

2.4.2 光圈

光圈是指摄影镜头的相对孔径，是该镜头的入射光孔直径（用D表示）与焦距（用f表示）之比，即相对孔径＝D/f，相对孔径的倒数称为光圈系数，又称为f/制光圈系数或光孔号码。光圈是用来测量通过光孔的光量的多少的。

T/值光圈系数考虑了光线通过镜头时，该镜头通过率对像平面处照度的影响。

T/值光圈系数＝f/制光圈系数/镜头透光率。

常用的电影摄像机和电视摄像机都采用T/值光圈。

光圈的主要作用是：控制进入镜头光通量，控制景深。在影视摄影的技术控制上，通常是在拍摄时先确定曝光光圈。定光圈的好处是可以控制景深范围。使用大光圈时可以得到较小的景深范围。如果在需要使用大光圈时光线太强烈，就需要减少光线或是加中灰密度镜。

2.4.3 变焦距镜头

变焦距镜头是一个由许多玻璃元件和可伸缩的滚筒或吊环组成的复杂结构，它们共同发挥作用，以从广角、长焦或是它们中间的任意视图中获取光线（图2-4-4）。

变焦距摄影镜头最长焦距值与最短焦距值的比值，称为该镜头的变焦倍率。

摄像机变焦倍率多为10倍（10mm～100mm）和15倍（10mm～150mm），而电影镜头变焦倍率比较小。

变焦距镜头的特性如下：

① 在固定的摄影点上产生景别变化（光学移动）。

② 变焦时，画面中景物的透视关系不变。

③ 不断调节焦距长短时，其视角大小不同，视野范围不同，景深范围也随之改变。

④ 摄影师可以根据需要随时调节画面范围的大小。

⑤ 可以在极近、极远或很不方便的位置上模拟推、拉、跟拍的效果。

⑥ 必要时使景别变化快速、平稳。

图2-4-4　变焦距镜头

在摄像机的变焦控制上，广角的那一端通常写着"W"（for wide），长焦的那一端标着"T"（for telephone）。当摄影机的物理位置保持不变，用变焦从广角到长焦改变取景时，实际上是在放大原来广角视图的一部分，得到的结果就是一个紧缩的镜头里被放大的细节。如果变焦镜头成像质量足够好的话，使用变焦镜头能加快工作进度。来自焦距范围较短那一端的广角镜头可以改变场景的透视关系，它夸大了画面里物体之间的距离并扩大了镜头的深度，因此可以渲染出影像的三维透视效果；来自焦距范围较长那一端的长焦镜头则会弱化三维空间，并把来自前景、中景、后景的视觉元素压缩为一个紧缩很多的缺少三维透视效果的"空间"。

2.4.4 聚焦

摄影时，通过镜头调焦环，来自无限远的平行光线经镜片后聚向一点（图2-4-5），就能得到清晰的图像。我们对焦点清晰的理解是物体投射到电影屏幕上的影像与实际生活中的一模一样。人眼倾向于焦点清晰地看待一切事物，但是这是眼和脑综合作用的结果。眼睛基本上是一个光圈值为2的光学体，可以被视为一个角度较大的广角镜头，所以人眼看食物时基本上都能够焦点清晰。对于焦点的判断实际上也是主观的，那么虚焦点和实焦点的分界线在哪里呢？在理论上无法回答这个问题。在电影摄影中，焦点不仅影响到三度空间的表现，也是重要的叙事工具，观众看影像画面时会把自己的注意力集中到影像中"焦点清晰"的部分。这种重要的心理作用，在视觉形象的形成和运用镜头讲故事的过程中有着重大的价值。浅景深的画面可以起到限制空间的作用，可以分离画面，焦点清晰的物体在画面空间里被分离了，这种分离感可以强化画面的层次感。

很多数字摄像机都有自动聚焦的功能，但电影级别的摄影机需要手动对焦。

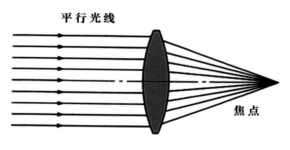

图2-4-5 聚焦原理

2.4.5 后焦距

在镜头新安装到摄像机上或在变焦距时图像清晰度随着焦距变化的情况下，需要调节后焦距。广播级摄像机的使用需要注意后焦距，否则会出现对焦不实的情况。

2.4.6 景深

首先我们了解一下模糊圈的概念。在组成画面的光线锥体中前后移动胶片，只要画面上的1毫米点在光锥中圈出直径小于e值的圆圈。从基本上讲，模糊圈就是用来衡量一个光点光源的影像大小在什么样的范围内仍被视为可接受焦点的。对于35mm电影作品，e值＝0.025mm；对于16mm电影作品，e值＝0.015mm。对这些做出判断，镜头最终在什么渠道放映也是一个重要的因素。在大屏幕放映时，由于放映画面很大，对于虚的感觉就很明显，同样，景深的控制就很重要。

位于调焦物平面前后的能结成相对清晰影像的景物间的纵深距离，称为景深（图2-4-6）。

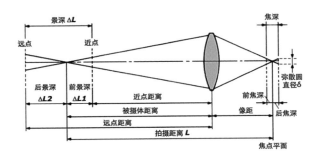

图2-4-6　景深原理

景深反映在焦点平面上，清晰的像点形成像空间的纵深距离，这就是焦深。影响景深的因素有很多。

景深范围的大小与镜头的光圈大小有关，光圈越大，景深范围越小（图2-4-7）。

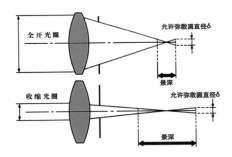

图2-4-7　景深与光圈的关系

景深范围的大小与焦距的长短有关，焦距越长，景深范围越小（图2-4-8）。

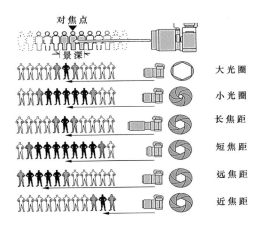

图2-4-8　景深与光圈、焦距的关系

景深与被摄体的距离有关，被摄物体越近，景深范围越小。

所选择的模糊圈，16mm和35mm电影的模糊圈是不一样的。在数字机器上，影像传感器越大，景深范围就越小。

变焦距镜头在变焦范围内的任一焦距位置上，都具有与相应定焦距镜头相同的景深。

如果镜头与被摄主体之间有相对运动，则必然在变焦的同时采用跟焦点技术，否则在变焦过程中被摄体很可能会超出景深范围而模糊不清。

2.4.7 平面摄影镜头与电影摄影镜头的区别

摄影镜头主要分成四种类型：平面摄影镜头、电子新闻采集（ENG）或外景节目制作（EFP）镜头、现场演播室摄影镜头以及电影镜头。几乎没有人会在电影制作中使用电子新闻采集镜头或现场演播镜头，但如今平面摄影镜头与电影镜头之间的界限却变得模糊了。高清数码单反相机与中端数码电影摄影机崛起后，人们对于相对经济实惠的电影镜头的需求增加了。除此之外，拥有更大尺寸传感器（譬如大于35mm的格式）的数码电影摄影机，也要求镜头有更大的成像圈。

首先，电影镜头与平面摄影镜头之间最大的不同应该在于对焦刻度。现代平面摄影镜头在设计上注重构造紧凑和轻量化，自动对焦功能也是设计中重要的一环。为了配合现代单反相机的需求，它们必须能非常快速地实现对焦，于是镜头的对焦行程被最大限度地缩减。这样，当寻找焦点时，对焦结构不用转动太多，速度也就更快了。

镜头焦点行程的问题，也就是焦点从最近物距调节到无穷远，对焦环需要转过的度数。在许多的现代平面摄影镜头上，这个角度大概只有15°~20°，这非常有利于自动对焦的机械结构，因为镜身马达不需要转动太多就可以找到精准的焦点。现在许多的平面摄影镜头甚至没有可见的对焦刻度，它们要么是纯自动对焦，要么要求你纯靠眼睛观察去对焦。即使是有对焦刻度的镜头，你可能也只能找到4′、7′、20′和无限远的刻度，这并不能帮助你进行精确地手动对焦。

再说说电影镜头，它最大的不同之处在于极大地拓展了对焦刻度和转动度。许多现代电影镜头的对焦环有300°甚至更多的转动空间。这就留出了充分的空间来标记刻度，尤其是近距离内的刻度，你经常会看到电影镜头上标记着3′、3′3″、3′6″、3′9″、4′等刻度。对焦刻度的增加以及跟焦环上额外添加的精确焦点标记，在一定程度上使得手动对焦变得容易，拍摄移动对象时跟焦也更为平滑精准。但实际上镜身之内的光学元件转动的幅度是没有变化的，只不过是压缩或拓展了对焦控制的行程。用齿轮结构来举例说明：一个小的齿轮旋转一圈可能只使得一个较大的齿轮旋转了其周长的很小一部分。

电影镜头的另一个巨大优势就是速度（光孔大小）。许多现代平面摄影镜头的光圈值仅有f2.8，或者更小，甚至有些变焦范围较小的镜头光圈值还停留在f3.5~f4的区间。对于平面摄影师来说，这并不算什么问题，因为他们可以比较随意地调整快门速度来补偿小光圈造成的光量损失，并且平面摄影师还经常使用闪光灯配合拍摄。这是电影摄影师无法得到的。由于会影响到运动模糊，电影摄影师无法随意地调整叶子板角度，而只能依赖光孔更大的镜头，也就是通常说的高速镜头。镜头速度更快则意味着光孔更大。对于既定的焦距来说，光圈系数等于镜头焦距除以入射孔直径。在100mm的镜头上想获得f2的光圈值，要求前镜组的直径至少有50mm；而若要将光圈值扩大至f1.4，那么前镜组的直径就至少需要72mm了。

除此之外，统一电影镜头组中所有镜头的尺寸是如今的设计趋势。这是为了在拍摄中更加快速地更换不同焦距的镜头。整个镜头组的最大光圈和尺寸常常是取决于焦段最长的那支镜头。更大的体积意味着更大的光圈，以及拥有更多焦距刻度而带来的便利，大多数的电影镜头都比平面摄影镜头大得多。

整合到镜身中的齿轮也是电影镜头的一大特征。齿轮是为手动或无线跟焦系统而设计的。大多数电影镜头都会有齿轮控制的对焦、光圈、变焦（若有此功能的话）。如今的另一个设计趋势是将整组镜头的齿轮设计在距离镜头后端完全一致的位置，这样也加快了拍摄期间镜头的更换速度。许多平面摄影镜头，尤其是为数码单反相机设计的现代镜头，是没有可以手动调节的光圈环的。当镜头与摄影机或相机之间具有电子通信功能时，这不成问题，但如果你将镜头安装在没有这种功能的摄影机上，你就失去了对光圈的控制。而手动光圈控制环是电影镜头的特征，而且一般是可以平滑变化的"无级光圈"。如果有必要的话，在拍摄过程中你也可以随时调节光圈。

现在我们可以开始讨论镜头中的光学问题了。但有关镜片对比度、解析力、色彩再现的问题还是先按下不表，因为它们是完全独立于镜头结构之外的话题。使用平面摄影镜头时，由于你只是在处理一张独立的静态照片，这和它前一张或者后一张照片没有什么关联，所以被摄物在取景框中的运动以及光学元件的移动并不会造成什么麻烦。但在动态影像中，我们一般是与每秒24帧的连续图像打交道，每一帧之间若是有区别，便会非常明显。

镜头的呼吸效应是一个非常扰人的光学现象。当你调整焦点的远近时，事实上是在把对焦组件推近或远离传感器，其距离的改变导致了成像尺寸的改变。证据就是当你从前后景之间调整焦点时，会产生"类似于变焦"的效果，这看起来就像是镜头在来回"呼吸"。因其复杂的设计，这种现象在变焦镜头中最为常见，但在定焦镜头上也可能出现。大多数电影镜头的设计者们为了尽可能抑制镜头的呼吸效应，都下了很大的功夫。

对于电影变焦镜头来说，相较于变焦面（varifocal），它们更倾向于等焦面的设计。前者在调节焦距时并不能保持焦点的固定，焦点会偏移，所以每次改变焦距后都需要重新对焦；而后者可以在整个变焦过程中保持准确不变的焦点，你可以推进到最大焦距对被摄物对焦，然后再调节至任何一个你需要的焦距，镜头还是会保持你想要的焦点。使用变焦面镜头时，你将无法在一个镜头中实现镜头推拉。而很多平面摄影镜头都是变焦面的。最后，一些变焦镜头在推拉变焦时会出现轴向的变化。这意味着随着焦距的变化，构图会有水平或垂直向的轻微改变。多数情况下这不是什么问题，但如果你将镜头推向一幢设计精确的建筑物，轴向的漂移就会变得明显。

2.5　数字摄像机的曝光

2.5.1　数字摄像机的曝光特点

（1）电影摄影机的曝光

电影摄影机是通过设定的摄影机的感光度、摄影频率和摄影机的叶子板开口角以及光圈来控制每幅画面曝光时间长短的。

（2）数字摄像机的曝光过程

传统的电视摄像机曝光时主要依靠调节灵敏度、电子快门及光圈值来控制曝光。灵敏度的高低标志着摄像机所需照度值的高低。现在很多摄像机不用灵敏度而直接用感光度，性能好的机器基准感光度至少能达到ISO800，有的甚至能达到ISO2200。

用来判断曝光的工具有很多：斑马纹、直方图、亮度示波器和假色。直方图基本属于曝光标配工具，是数字影像的核心工具，是"摄影师的X光片"（图2-5-1）。掌握了直方图，摄影师就不再为复杂的测光方式所困扰，也不会被显示屏、环境光线和个人喜好所误导，真正做到科学曝光、精确后期。

直方图中柱子的高度，代表了画面中有多少像素是那个亮度，其实就可以看出来画面中亮度的分布和比例。比如，图2-5-2是一个直方图，波峰是在中间偏左的位置（阴影区域），说明画面中有很多深灰或者深色部分。

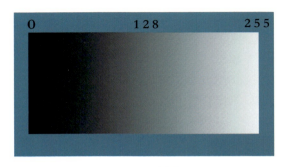

图2-5-1　直方图

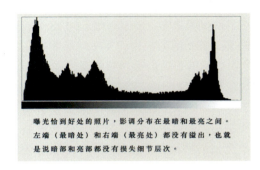

曝光恰到好处的照片，影调分布在最暗和最亮之间。左端（最暗处）和右端（最亮处）都没有溢出，也就是说暗部和亮部都没有损失细节层次。

图2-5-2　恰到好处的曝光的直方图

直方图在摄影前期有三大作用：
① 发现照片中的过曝和欠曝区域。
② 提示环境亮度反差是否超过了相机能记录下来的宽容度。
③ 帮助我们准确地向右曝光，获得质量更高的信息记录。

在拍摄时，即在影像亮部不溢出的情况下，让像素尽量地记录在更亮的区域内，也就是直方图尽量靠右，让高光白色区域总是存在一些像素，但是没有在最右侧被切断。肉眼看起来原图是有点轻微过曝的，但后期压暗后可以获得噪点数量更少的优质图像。

2.5.2　黑平衡

黑平衡是摄像机的一个重要参数，它是指摄像机在拍摄的画面没有亮度时输出的3个基色电平应相等，使在监视器屏幕上重现出黑色。校准黑平衡可确保整个图像的像素灵敏度保持一致，从而最大限度地优化图像质量。多年来，该技术一直应用于数字捕捉领域中的各种高端应用。任何数字图像中的噪点都是固定图形噪点和随机噪点共同造成的结果。前者是由于像素之间的光敏度持续变化造成的，而后者是由热起伏、光子达到量统计数据和其他不可重复来源导致的。因此，在其他条件一样的情况下，每幅图像的固定图形噪点相同，而随机噪点则不同。例如，电影摄影机RED黑平衡的工作原理是通过测量固定噪点图形，将其储存，然后再从所有的后续帧中减去，只留下随机噪点。内存中保存的图形名为"校准映射"，位于RED菜单下，是每个像素的有效黑色亮度映射，因此叫作黑平衡。只有在曝光条件出现大幅差异时才需要校准黑平衡，如温度和曝光时间发生极端变化，或固件升级后；相反，即便是帧率或分辨率出现较大变化，也无须做黑平衡。下面列出了最重要的注意事项以及一般准则：
① 温度：当环境条件变化超过约30°F 或 15℃时。
② 曝光时间：当高于或低于1/2秒时。
③ 固件：如有指示，有时在升级后。
当拍摄期间摄影机处于所适应的条件和设置下，可获得最好的拍摄效果。为了最大限度地获得一

致性，在采用极速快门速度前（如超过1/1000秒）或开始新拍摄前，也会产生黑平衡问题。

2.5.3 白平衡

白平衡调整（又叫白平衡调节，简称调白）是指景物在同一光源照射下，调整摄像机三色电信号混合比例，使之与实际光源的光谱成分协调一致，使景物色彩正常再现或根据创作意图形成最佳的色调效果而进行的工作。白平衡调整的方法：一种是粗调白平衡，简称粗调白；一种是细调白平衡，简称细调白。

粗调白是指在白平衡调整过程中，只根据实际光源的色温值，在摄像机上选择相应的滤光片，不再进行细微的调整。

细调白是指在不同光源照明时，为了提高画面色彩的饱和度或改变画面色调效果而进行的细微调整。

首先根据实际照明光源的色温值，选择相应的滤光片；然后将选择的白色卡片（或有色卡片）置于顺光照明下，把摄像机镜头对准卡片并充满画面；按下摄像机上的白平衡调节开关。摄像机进行黑平衡调整，是让摄像机的三色电信号恢复到厂家设计标准，而进行白平衡调整则是使实际光源的光谱成分与摄像机的三色电信号的感光灵敏度协调一致，以便形成最佳色调。

2.5.4 滤色片

中灰密度镜（ND镜）：拍摄时为了达到特定的艺术效果，使背景变模糊，突出主体，就要使用大光圈。在光源照度比较强的情况下，就可以插入中灰密度镜，阻挡进入镜头的通光量。ND镜可以放在镜头的遮光斗里，也可以使用机身自带的ND镜，该设置成为机身的光路系统。ND镜的特点是在可见光范围内，对各种波长的光都有非选择性的均匀吸收率。由于高色温与亮度往往同时出现，很多摄像机将中性滤色片（1/4ND、1/8ND、1/16ND、1/64ND等）和高色温滤色片结合做成一片。

2.6 数字摄像的基本操作

2.6.1 数字摄像机的准备工作

数字摄像机的准备工作包含以下几个方面。

① 存储卡的容量是否足够。例如，SD卡有32G、64G的，拍摄的格式大小决定了文件的大小，所以一定要了解拍摄格式以及拍摄时长。

② 存储卡的速度是否足够支持写入。

③ 电池的拍摄时长。

④ 有无极端的拍摄条件。例如，有些机器在零下20℃的条件下不能工作，在温度低的条件下电池消耗会非常快。

2.6.2 色温调整

开机后，首先要进行色温调整。传统的摄像机应先设置滤色片和滤光片。传统的广播级摄像机有A、B、C、D四个档位的滤色片，以保证进入分光系统的光线色温正常。

A档，适用于3200K的色温。

B档，适用于5600K的色温，这是室外日光下的拍摄。

C档，适用于5600K + 1/4ND。

D档，适用于6300K + 1/16ND。

传统的摄像机还可以细调白平衡。摄像机对准标准白纸，然后拨动白平衡调节开关（white），几秒钟后，白纸就会形成标准白色，没有任何偏色。不同机器的白平衡设置方式可能会不一样，但基本方法就是对准白纸。在实际拍摄中，也可以使用自动白平衡拍摄，或者把色温参数调到某个值就可以了，影像可以有一定的偏色。

现在的数字电影机色温设置一般在菜单里面，有的可以在机身上设置快捷键，既可以设置成某种模式，比如5500K色温（图2-6-1），也可以精确设置色温数值参数。

图2-6-1　电影《冒牌校花》，5500K的色温

2.6.3 对焦和调焦距段

对焦方式有手动和自动两种，最好掌握手动对焦的技巧，否则在拍摄中经常会出现焦点速度跟不上物体移动速度，出现虚焦的情况。

2.6.4 调整曝光

亮度计量的测光方法有如下几种。

① 机位测量法。机位测量法就是在机器的位置把测光表或摄像机的镜头直接对准被摄体进行计量。

② 近测景物亮度法。近测景物亮度法是把测光表靠近被摄对象局部或利用摄像机变焦距镜头的长焦位置，计量被摄体的局部，根据这一亮度值确定曝光。

③ 综合计量法。综合计量法包括两方面的意思：一方面是指机位测量法与近测景物亮度法两种测光方法的综合；另一方面是指在现场拍摄中计量景物中的最高亮度值和最低亮度值，然后进行综合分析，根据胶片的宽容度或摄像机允许的动态范围，对景物亮度进行调整、平衡，选出合适的亮度值确定曝光。

当自然界中景物的亮度范围超过了感光材料和摄像管光电靶面允许容纳的亮度范围时采用三部曝光法：中间曝光法、亮部曝光法、暗部曝光法。此时曝光控制的关键是基准亮度的选择。

解决方法如下：

① 根据主题和造型的要求，进行有目的的取舍，被选取的景物亮度就能形成较好的效果。

② 在曝光控制中应采取必要的手段，压缩景物的亮度间距，在现场布置灯光或加反光工具。

2.6.5　数码照相机与数字摄像机的一体化

随着技术的发展，很多数码照相机的摄像功能越来越强大，能满足广告、微电影的拍摄，甚至很多电影都用单反照相机拍摄。比较常用的如佳能5D3、索尼A7S2，都有很鲜明的技术特点。比如索尼A7S2，由于机身小、使用方便、画质好、感光度高，很受欢迎，有些电影的场景不适合大机器，或需要偷拍的时候，这种单反相机就非常实用。单反的技术特点是由于影像传感器能达到S35的画幅（比摄像机大），成像感觉更接近电影画面的感觉，能够更换镜头，能够获得优质画面。其缺点是拍摄时间比摄像机短，录音质量不够理想。另外，单反的画面监看也不方便，录像器偏小，对习惯了使用摄像机的人而言对焦不习惯。

2.6.6　摄像机的选购

① 灵敏度。摄像机的灵敏度越高，在同样环境下拍摄的图像越清晰，透彻、层次感越好。灵敏度高可以让机器在照度低的环境下拍摄。数字电影机及单反照相机都是用感光度取代灵敏度，不同类型的机器感光度单位数不一样。例如，有的机器最高感光度只有ISO1600，而有的机器最高感光度能达到ISO10240。大部分机器的基准感光度为ISO800，使用该感光度时，机器噪点少，暗部和亮部的表现都会比较好。

② 信噪比。信噪比是指在标准照明环境下，摄像机输出视频信号电压与杂波电压之比，通常用符号S/N来表示，单位为分贝（dB），在画面中表现为不规则的闪烁细点。信噪比越高，杂波对画面的干扰越小，画面的信号质量越高。

③ 水平清晰度。也称摄像机的分辨率。摄像机的水平清晰度越高，输出的画面越清晰、细腻。拍摄到的图像的大小可以用像素分辨率来表示，例如，1920×1080的分辨率就意味着图像是由水平方向每行1920个像素以及垂直方向每列1080个像素组成的。传统的标清摄像机分辨率为720×576（Pal制），高清摄像机的分辨率为1920×1080，4K的分辨率有4096×2160和3840×2160两种。但分辨率也受后期制作和显示设备的影响，要考虑通过什么途径播放，有的机器能达到6K甚至8K的清晰度，但后期制作成本太高，一般的播放条件也有限，所以机器的分辨率要根据实际情况选购。

④ 动态范围或宽容度。动态范围表示视频信号中包含的从"最亮"到"最暗"的范围。动态范围越大，所能表现的层次越丰富，包含的色彩空间也越广。近几年的数字摄影机技术发展很快，有的机器甚至能达到13档的宽容度。20世纪90年代电视摄录设备能够按正比例关系记录的亮度范围通常只有32∶1，也就是5档的宽容度。普通景物的平均亮度范围约为160∶1，现代电影胶片能够按正比例关系记录景物的亮度范围为128∶1。

⑤ 几何失真。几何失真是指重现图像与原始图像几何形状的差异，主要是由镜头的质量决定的。常见的几何失真有枕形、桶形和菱形等。可以用布满等距小方格的测试卡进行推拉拍摄，仔细观察画面中的小方格是否有变形，变形的程度是否在允许的范围之内。无论是数码变焦镜头还是电影的镜头，在租赁或购买时都应测试镜头的几何失真。

第3章 影像画面构成关系

3.1 画面构成的基本指导原则

每个人都会在网站或微信里大量浏览过令自己眼前一亮的照片或视频短片，但是当翻开自己的电脑或手机图库时，发现自己拍的照片还是欠缺了什么，这些欠缺的因素好像不是技术能够解决的。

为什么拍不出精彩的数字影像呢？原因是拍摄前我们不知道该明确什么，追求什么。你也许见到过一幅漂亮的照片，它的美打动了你，但是你不知道它为什么美，不知道这幅照片的作者是循着什么样的思路让照片光彩照人的。当然大量的摄影网站或微博会告诉你一幅精彩的照片所使用的相机和镜头，告诉你操作的所有技术细节，甚至包括后期Photoshop处理及存储的技术，但你依然不知道该怎样完成一次精彩的表现之旅。这就好比你知道了齐白石所用的纸笔的型号和墨的来源，但并不能画出精彩的诗意生活一样。

整个的拍摄制作过程需要作者知道自己应当追求什么，明确什么。这正是我们需要了解影像画面构成的基本指导原则的原因。当你日积月累地听取采纳了一些如何拍摄好照片的建议之后，你就会开始对于如何观察、摄取周遭世界中的美丽景物与事件有了自己的见解和方法，也就有了逐渐明确的追求。这些明确的追求中就包括以下三个基本原则：

① 一件优秀的影像作品必定有一个明确的主题。

② 一幅生动的影像画面一定有一个准确的主体。

③ 一幅精彩的影像画面一定有一个简洁的场景。

面对影像时，我们的第一视觉点总是会落在画面的主体上。所有能吸引人关注的影像大多都会有让人眼前一亮的主体，让人们在浏览图片时能迅速找到主题，从而理解图片中所传达的内容信息。

图3-1-1是一张战争纪念日的现场纪实照片，在傍晚的广场上，女孩蹲下身去一脸凝重地将蜡烛放在地上，以此纪念在战争中逝去的生命。这幅图片中有很多人，但是作者降低照相机的机位与前面半蹲的女孩儿持平，故意隐去背景场景中的人物面孔，加之灯光明暗的辅助效果，让人群形成了一个简洁统一的场景，烘托了女孩在画面中的主体地位。她占据了画面的中心位置，将我们的注意力完全吸引在她的动作与表情上，所以看到照片的人很容易被女孩的表情和动作所感染，产生一种肃穆的主题情绪。因此，一幅生动的影像必须具备明确的主题、准确的主体和简洁的场景。

图3-1-1　布市抗战纪念日

3.1.1　一个明确的主题

　　一幅优秀的影像，可以是一句严谨完整的话，概括了一个故事；

　　一幅优秀的影像，可以是一句韵味十足的诗，表达了一种情感；

　　一幅优秀的影像，可以是一句字斟句酌的格言，传递了一种思想。

　　在任何情况下，一幅好的影像作品所表现的人或物都不仅对作者有意义，它应对世界上的所有人有相同的意义，这一个对人人都有意义的主题就具备了普遍性。这就是说，无论是故事还是诗或思想，它都需要一个明确的主题来表明作者的感受、观点或立场，同时让观看的人感同身受。摄影工具的出现，降低了人类表达的门槛，使"人人都有视觉表达的权利"成为可能，但任何表达都要确定拍摄的主题，继而确定画面的整体基调。

　　（1）关于家园的主题

　　不同的主题有着截然不同的表达方式，从场景选择到确定画面的主体，从光线的明暗冷暖到画面颜色的细微差别等，每一处构成要素都要认真选择之后才会呈现出独一无二的视觉效果。如图3-1-2所示，这张照片中的两只猎豹置身于颇为浓密的丛林边缘。以我们的常识与经验，马上明白这是野生猎豹生活的自然家园。不同形状的树木与远处广阔的天空构成环境场景，两只一动一静的猎豹作为主体确定了相互依存、共同捍卫领地的主题，那是人类无法融入的属于猎豹家族的生存家园。

　　黑白影像一直深受广大摄影师的喜爱，这是因为黑白影像除去色相、饱和度等色彩元素的影响，能将画面中的信息以黑白灰的消色语言简洁地呈现出来。黑白影像随着影调深浅的不同能给感官带来不同的主题体验，带给观者不同程度的情绪反应。这张照片里的深灰色黑白影调突出了两只豹子在丛林中的状态，拉开了观看者与画面中主体的距离，使狂野的原始森林与机敏的主体动物共同确立了既紧张神秘又生机盎然的家园主题基调。

图3-1-2 美国自然历史博物馆1

（2）关于情感的主题

爱情是艺术创作中经久不衰的主要题材，它表现了恋人之间的亲密关系，喜怒哀乐，让人们在体验他人的情感时产生共鸣。

不同的情感要用不同的主题来表达，有亲密愉快的，也有黯然伤神的。在这幅画面里（图3-1-3），情侣之间的亲吻传达出的是浓浓的新婚甜蜜感。作者采用了长焦距镜头和大光圈进行拍摄，通过虚化背景来突出两人，画面中的光线与颜色都是明快的。这样表达简单又明确的爱情主题很容易给人们带来轻松感，情绪也不自觉地被照片中的人感染了。当然，如果要表现爱情中令人伤心的主题，那么两人的动作、画面的颜色、主体所占有的位置等，都会和现在不一样。

图3-1-3 吻

（3）关于回忆的主题

关于回忆的主题，马上就能让人联想到时间的流逝、岁月的一去不回头。回忆是人们的一种情感搜索，是一种过往的情感恢复，是过去经历过的时光不在面前时，人们在头脑中把它重新呈现出来的过程。回忆主题的艺术作品更多地和创作者自身的经历有关，具有一定的时间性。

《北大荒的回忆》选择了一对老年夫妻的生活场景（图3-1-4），将时间具体化在两个人的行为上面，这样的画面往往更具有说服力。这幅画面描述的是一对老年夫妻在户外旅行，丈夫准备给沉浸在美好回忆里的妻子拍照的情景。在夕阳映照的北方秋天的旷野里，他们在缅怀蹉跎岁月，在回忆他们在此留下的青春年华。画面中两人身处于一片成熟的高粱地里，茂密的北方植物给了两人一种包裹感，画面色调也是如夕阳一样浸染着温暖的橘红色，温暖的色调映衬着两位穿白色外套的老人，如同美好的记忆始终围绕在他们身边。一方面，观者可以体会到两位老人沉浸在回忆里的情绪；另一方面，这样相濡以沫的情感主题也会让观者联想到自己的人生经历，极易引起情感共鸣。

图3-1-4　《北大荒的回忆》

3.1.2　一个准确的主体

一幅优秀的数字影像一定会把观众的注意力吸引到能够暗示主题的重要物体上，准确地确立了主体，重点才能突出，整个画面才能围绕主体层层剖析主题。

（1）最简单的方法是走近主体

我们平时拍摄的照片一不小心就会显得琐碎不堪、主体不清，这是因为主体常常受外在杂乱环境所干扰，使得视觉重心不知道去了哪里，主题也就无法传达。想要在画面中突出重点，我们可以拿着照相机接近被摄主体，让被摄主体在画面中占有足够多的比例，甚至是整幅画面。用这种方式引导观看者，是一种比较简单直接的方式，当你的画面中只有被摄主体，观看者只有主体可以看时，你已经掌握了主动权。在这幅《伏尔泰雕像》照片中，因为被摄主体拥有足够的吸引力，不需要处在一个特定的场景之中，所以放心地将雕像近景最大化地展现在画面里，并借助光线形成有效的层次空间，只突出被摄体明显的、重要的信息，有效减少主体物周围无用的干扰，带来醒目直接的视觉冲击力（图3-1-5）。

（2）长焦距镜头是突出主体的有效方法

当无法近距离接近主体，或主体太远并处于运动状态时，跑到主体面前拍摄会显得笨拙，而且也容易失去拍摄最佳时机，这时使用长焦距镜头对于突出主体是非常好的方法。用长焦距镜头拍摄的画面变形较小，透视正常，对于景物有显著的压缩效果，通过虚化前景与背景，可以排除环境因素干扰，使主体更加突出。在这幅俄罗斯女大学生的照片中，女孩处在一个阳光明媚的户外自然环境中，她的苗条身材通过拉伸的动态占据了画面的中心位置，让女孩的优雅身姿成了画面中的唯一主体，洋溢在脸上的青春主题也就不言而喻了（图3-1-6）。

图3-1-5 《伏尔泰雕像》

图3-1-6 俄罗斯女大学生

（3）复杂的场景里也有准确的主体

在一幅影像作品中，一个准确主体的重要性是不言而喻的，它是你产生拍摄想法的初衷，是你拿起照相机的动力。画面中的主体被赋予了最大权利，因为它要代替作者向观看者表达，这就是我们一再强调主体在画面中的重要性的原因。但主体突出不意味着必须让主体明晃晃地占据着大部分画面，我们生活中的场景大多数都是由复杂场景构成的，拿起相机拍某一事物不能保证主体物周围没有干扰，这时候就需要利用复杂的元素找到利于突出主体的新方法，在无序中发现有序，在普遍中找出不同。

在这幅《哥伦布雕像广场》的照片（图3-1-7）中，第一眼看上去似乎画面混乱复杂，可是当你集中注意力，马上就会在复杂的画面里找到那座极具象征性的雕像主体，那就是斑驳树影后面的巴塞罗那威尔港上手指大海的哥伦布雕像。因为雕像作为语言符号的信息量过于强大，所以只要周围的物象不能完全遮蔽雕像的造型，雕像作为主体的地位自然不必担心。画面通过仰视角度选择了线条复杂的树枝作为前景，打破了常规化突出主体的方式，让画面中的主体更具神秘感，而场景的复杂性则更加强化了围绕主体形成的主题，带来了更加生动的主题暗示，那就是伟大航海家面对充满风险、前途未卜的大海时所体现出的探索精神和征服精神。

图3-1-7 《哥伦布雕像广场》

3.1.3 一个简洁的场景

一幅优秀的影像作品一眼看上去必须简洁明了，它只围绕主体摄取那些对表现主题至关重要的元素，而排除或弱化那些对主题不起作用的事物，所以围绕主体产生的场景因素必须简洁，当然，简洁不意味着简单。

（1）旷野最容易形成简洁的场景

拍摄照片时，若想要突出被摄主体，那么主体所处的场景一定不能喧宾夺主。在杂乱无章的画面中，主体很容易被淹没，而在一个相对简洁的场景中，画面主体就会迅速凸显出来。如果我们还要体现运动主体的速度、力量等重要信息，那选择像旷野这样无杂物干扰的环境是最合适不过的。在这幅展现北方冬季旷野的照片（图3-1-8）中，一切影响画面的其他因素都被避免了，只剩下了被白雪覆盖的苍茫原野以及在白色冰面上奔驰的骏马。甚至由于季节的原因，冬天的草原上连颜色都变得更加简洁，我们所有的注意力轻易地集中在了骏马奔驰的自由状态上。冬季旷野的辽阔空旷可以被看作是一个面，奔驰的骏马作为主体就在画面中变成一个点，简洁空旷的白雪场景就在于除了独自奔跑的骏马之外没有其他任何可能造成干扰的符号，再加上日出之前的蓝色散色光效，有效地突出了主体（奔跑的骏马）的信息，营造出干净简洁、静谧深远、大气磅礴的让人舒服的神秘感觉，这正是围绕主体产生的主题感受。所以空旷而简洁的场景不仅在构图上有很大的优势，还能通过营造气氛表达主题。

图3-1-8　查干湖

（2）复杂的场景也因主体的存在而变得简洁

在任何一个看似复杂的场景里，画面也要有复杂的章法、复杂的结构方式，也要做到主体准确、场景简洁。所谓复杂的场景，并不是杂乱的没有头绪，而是一种相对的有条理的复杂。被摄主体在这样的场景中并不会失去原有的主体地位，场景也会因为主体的出现而变得条理有序、层次清晰，这样照片才会呈现出一种和谐有序的主题美感。这幅照片（图3-1-9）中的河流、树木和远处的高楼，以和谐的灰色调融合在一起，加上绿色的草地，已经形成了丰富的自然场景，只要处在画面三分之一处的被摄主体人物一出现，就算只是背影也绝对占据了照片中的主体地位。这幅照片既没有旷野的空旷和恢宏的气势，也不是一个小景让人一下就能看到主体，而且远处的树和城市风景也容易起到干扰作用，但从明暗对比度上看，远处的景或许由于城市的环境或者是拍摄时间在清晨的原因，对比度低于近处的主体人物和树木，显得缥缈，视觉上远离人，所以主体物一旦出现在合适的位置上，复杂场景带来的一系列问题就会立即得到解决，画面立即由复杂转变为有序可循。

图3-1-9　瀑布

（3）再小的主体也需要简洁的场景

拍摄这类很小的主体物，是将人眼不容易发现的微小事物放大化，这更需要简洁的场景来凸显主体物的中心地位。这张照片（图3-1-10）用微距镜头拍摄了清晨挂在蜘蛛网上的露珠。像图中这样的小场景，用镜头的焦距、光圈营造了一个虚化的简洁场景，露珠作为主体尽管体积较小，但排除了背景和环境的干扰后，因为锐利的焦点和虚化的背景而占据了画面中心的位置，主体地位也就有了保障，因为只有它的信息与质感最为清晰丰富。调成黑白色调的画面又排除了色彩因素的干扰，令画面更加简洁，最终达到了吸引观者目光的目的，确立了雨后草木生机盎然的生动主题。

图3-1-10 《拆铁丝16#》剧照

3.2 摄影画面构成

一幅好的摄影画面就好比一句精彩的诗，除了具备明确的主题、准确的主体与简洁的场景这三项基本原则以外，我们还应知道构成一幅摄影画面的三个层面的知识与手段。这些理论认知越清晰，完成的画面语言越准确、越精彩。

这三个层面的摄影画面构成手段就是：

第一层面——主体与场景的选择与创造；

第二层面——服装、化妆、道具的认知与设计；

第三层面——摄影造型手段的把握。

这幅照片（图3-2-1）拍摄的是美国自然历史博物馆中的狼群出发猎食一景。画面的题材是野生动物世界，主体是在头狼带领下的野狼群，空旷荒蛮的原野构成了简洁的场景，所以画面主题一目了然：杀机四伏。这幅照片由于具备了画面表现的三项基本原则，所以有效地吸引了我们的眼球，引起了我们的好奇心。

在这幅照片里，显然这三项基本原则还只是宏观概括，不能具体指导我们的实践拍摄与制作。想要具备这样的拍摄创作能力，我们必须了解作者是怎样一层层梳理画面的构成关系，逐步选择有效的表达手段的。了解了构成一幅优秀作品所需的条件和手段后，我们就可以头脑清晰、有的放矢地大胆拍摄了，这就是学习摄影画面构成知识的目的。

图3-2-1　美国自然历史博物馆2

3.2.1 主体与场景的选择与创造

　　主体是体现主题的主要承载者，就是我们常说的突出主体，场景是容纳主体的特定空间，所以要简洁有效，使主体在场景中形成一定的意义和感染力，才能达到阐释主题思想的作用。初学摄影时，我们肯定先要学习拿着相机捕捉生活中的主要内容，这就是所谓的"主体与场景的选择"，这也是及时报道摄影的主要工作；当已经具备了一定的摄影画面掌控能力，且不满足于"选择"时，我们就希望自己能够主动去改造或虚构一个精彩的画面，这就是所谓的"主体与场景的创造"，它是当代摄影艺术里很重要的一种工作方式。

　　（1）主体与场景的选择

　　在我们最初拿起照相机时，镜头总是最先对准我们身边的环境与人物。我们所做的是捕捉身边已经存在的主体与场景，将已知的环境截取部分出来，通过构图、光线与色彩等手段的运用来创造出一幅具有价值的摄影图像。这一时期的图像基本上都是我们经过选择之后得来的，在原有的环境中选取与提炼，力求在现有的条件中捕捉到最完美的画面。

　　在这幅夏日乡村的河岸场景（图3-2-2）中，远远地交代了人与大树、村落、河流的关系，交代了事件发生时的具体信息。拍摄前冷静选择了合理的角度与宁静祥和的自然场景，按动快门的瞬间选择了孩童上岸擦洗的生动一刻，正是主体与场景的准确选择构成了生动的对比统一关系，确定了画面所需的宁静安逸的主题。

图3-2-2　瑶里

（2）主体与场景的创造

当我们的选择与提炼能力大大提高时，往往就不满足于对现有场景的记录与还原了。进行一些主体和场景的改变与创造，或结合客观实物将头脑中想象的场景重现出来，都能够展现出一名摄影师的能力与自信。在这幅《尼亚加拉大瀑布》摄影作品（图3-2-3）中，作者没有拘泥于瀑布景观的直接记录，而是在保证合理构图、合理曝光的前提下，通过后期的Photoshop技术，大幅度改变了原有的影调关系与色彩关系，对主体和场景的关系进行了再创造。竖构图的画面容纳了瀑布和前景，强调了空间的纵深感，而瀑布和背景的大面积融合，高度概括了画面信息与色块，再让海鸟成为画龙点睛的主体，从而制造了中国文人画才有的幽深高雅的意境。

图3-2-3　《尼亚加拉大瀑布》

3.2.2 服装、化妆、道具的认知与设计

服化道，原本是指影视作品中的具体工种，是影视制作中的服装、化妆、道具工作的简称，是影视画面信息中的重要元素，但在一幅摄影作品里，尤其在一幅表现人物的摄影作品里，服化道的选择与设计工作同样非常重要。服装、化妆与道具的选择与创造是一幅摄影作品所要解决的前期美术设计工作中除了场景建筑设计以外的重要工作。服化道可以清楚地再现人们在日常生活经验中的形象，象征着时代、地域、民族文化、社会阶层、人物性格等信息。服化道的风格基本上直接影响了照片的整体风格，在视觉上是最先给观看者造成视觉冲击的元素，这几项视觉元素加在一起就构成了照片主体与主题的基本框架。

（1）服化道的认知

摄影作品中有效选择人物的服化道，不仅能够丰富画面效果，还能使主体人物更典型，使主题更加明确。在这幅纪实肖像照片（图3-2-4）中，人物服装的特殊性让人立刻明白这是什么地区的人，这地区的人生活在什么样的条件下，具有怎样特定的风俗习惯，包括人物的表情形态也可以进一步推测出他是多大年龄的人。通过人物身披的里外三层大棉袄，我们很容易看出这是一位生活在寒冷北方的农民，他头上戴着的狗皮毛帽子（具有道具作用）又暗示了他所处的工作环境的艰苦恶劣，主人公朴素结实的脸庞加上工作留下的污痕，让我们断定他是一位饱经风霜的北方农村里的中年汉子，是村里的主要劳动力，是家里的顶梁柱。从简单的一张照片中就能挖掘出这么多信息，其中有很大一部分功劳来自服化道的准确选择。这些经过仔细选择的服化道信息可以让画面想要传达的主题内容清晰又准确。

（2）服化道的设计

服化道的设计与作品所要表达的主题紧密相关，我们看到的历史题材的影片或照片使用的就是古装的服化道，商业时尚摄影中使用的就是具有时尚元素的、形式感强的服化道。在对一张照片进行服装、化妆与道具的选择与设计时，首先要明确自己所要表现的主题，明确照片的风格，逐步构思拍摄时需要的场景、服装及道具，然后在确定并完成化妆后进行实拍。在人像摄影中，人物的造型设计必须要与人物的身份、时代相协调，紧扣拍摄主题，传递出想要表达的信息内容与视觉风格。这幅照片（图3-2-5）采取了圆形构图和褐色黑白影调，使画面充满了复古的感觉，同时服装、道具也配合了20世纪早期西方白人淑女的形象，再加上柔和的光线，构成了一幅有古典韵味的摄影肖像。

这幅照片必须借助脸部神韵来表达端庄优雅的主题，那么在化妆时就应该着重脸部细节的刻画，妆容要表现得极为细腻。照片中的主体人物神貌的形成必定是服装、化妆与道具共同烘托的结果。

图3-2-4　查干湖的男子

图3-2-5　照相馆

3.2.3 摄影造型手段的把握

摄影作品中的摄影造型手段基本由光学、制作材料、构图、光线与色彩五部分组成，平面摄影师通过专业的技术操作将这些造型手段转换为艺术创作所需的静态影像语言。

（1）光学手段作为前提

光学手段作为前提，简单来说就是利用照相机的工作原理，通过照相机镜头将被摄物体呈现在感光材料上。照相机利用光的直线传播性质和光的折射与反射规律，以光子为载体，把某一瞬间的被摄景物的光信息量以能量方式通过摄影镜头的层层透镜组到达感光材料上，并最终形成媒介材料承载的可视影像呈现在观众眼前。

这幅照片（图3-2-6）拍摄时使用了长焦距镜头，并开大了光圈，所以俄罗斯小朋友身后的背景已经虚化糅合成一团色块。而手持135相机的灵活性又让摄影师准确捕捉到了孩子们天真欢乐的一刻。更有趣的是，画面主体行为又将摄影与生活紧密联系在了一起，共同见证了光学工具的重要性。

图3-2-6　《家胜》剧照1

（2）材料选择作为基础

在生活中，很少有人关注影视作品的画面载体，因为它们都是临时出现在某一个银幕或电子屏上，从来不会固定在具体某一材料上，但摄影作品似乎固定在某一具体材料上之后才算完成了创作，作品才算受到了应有的尊重，因此选择哪一种感光材料或打印材料对于专业摄影师来讲非常重要。这幅作品（图3-2-7）的摄影语言侧重在黑白影调的掌控与构图设计上，整体视觉风格更符合中国画的简约淡雅，所以摄影师选择用宣纸打印制作了这幅作品，唯有如此才能体现作品所要传达的主题意境。

（3）构图造型作为本质

摄影的本质是"观看"，是将观看表达的结果最终通过构图固定在画面上，所以摄影从选择到调整，"构图"意识贯穿始终。当你把镜头对准人物或是具有典型意义的事件或是雄伟的建筑与壮丽的山河风光时，你所考虑的一定是如何在其中截取一个理想的画面，创作出完美的照片来。在很大程度上，构图决定着构思的实现，决定着作品的成败。作为摄影表达的本质，好的构图可以帮助我们从周围丰富多彩的事实中选择典型的素材或创造出独特的主体，并赋予它们以鲜明的造型样式。图3-2-8中最大的主题就是笑，同样都是笑，一个是耄耋老人的笑，一个是童稚男孩儿的笑，两个跨越岁月年轮的笑被画幅框架紧密结合在一起，亲情的感染力与岁月的无情跃然纸上。

图3-2-7　山水鲁美

图3-2-8　祖孙

（4）光线造型作为灵魂

"光"是照相机及感光材料工作的核心因素，所以摄影是光的艺术。光线是完成摄影技术、实现摄影造型的一种重要手段，没有光线便没有事物的影像，便没有来自现实世界的情感与精神，所以说光线是摄影的灵魂并不为过，这是摄影艺术区别于其他艺术的一个显著特征。光线的组织能让观众感受到时间和空间的流逝、倒流、断裂和重新组合，同时表达出影像时空的特征、氛围、情绪、感受、象征和意义。在这幅西方都市街头的咖啡馆场景（图3-2-9）里，清晨的阳光挥洒在人们的身上，舒适惬意的生活气息扑面而来，同时光线气氛也能够配合人物的性格、职业、爱好，给观众强烈的时间认知感与文化认同感。

（5）色彩控制作为结果

色彩的发生，是反射光刺激人的视觉器官在大脑发生作用的结果，是一种视知觉。色彩在摄影造型表现力上起到了烘托、营造画面氛围的作用，暖色调给人温暖热烈的感觉，冷色调有寒冷、宁静的感觉。摄影师在运用光线与色彩进行创作的过程中，不只是在前期拍摄时将物体表面的色彩感觉表现出来，而且要通过后期色彩技术控制进一步揭示出色彩的情感空间。作者要说什么样的话，要用什么心情说，运用色彩就能达到想要的情感效果，将观者带入画面的语境中去，保障整体叙事的完成。

在这幅表现北美乡村的风景照片（图3-2-10）中，在拍摄前就仔细依据天气设定了数码相机的白平衡色温值，又在后期通过Photoshop软件认真调整了画面主体物之间的冷暖关系与冷绿色的主题基调，合理把握了摄影色彩与现场真实感受之间的平衡，准确传达了夏季多云天气下美国北部乡村别墅生活中特有的阴冷宁静的语境。

图3-2-9　尼姆的清晨　　　　　　　　　　　　　　　图3-2-10　乡间

3.3　摄像画面构成

一个合格的视频镜头（画面）就好比一句完整的话，除了具备明确的主题、准确的主体与简洁的场景这三项基本原则以外，我们还应知道构成一个影视画面的三个层面的知识与手段。这些理论认知越清晰，完成的画面语言越准确、越精彩。

这三个层面的影视画面构成手段就是：

第一层面——主体与场景的选择与创造；

第二层面——影视美术的服化道设计；

第三层面——摄像造型手段的把握。

在这帧画面（图3-2-11）里，北方秋天旷野里的农民正在收割玉米，大片的玉米秸秆纷纷倒在他们脚下，收获季节的繁忙主题一目了然。拍摄者在拍摄这一段视频时，首先确定了主体人物和远处场景之间的空间关系，然后选择全景景别来框取画面构图，主体人物的位置与姿势一直是摄像师开机时关注的焦点，因为他们的辛勤劳动承载了这个镜头的主题信息。这些农民的服装头饰、农具以及风吹日晒的面庞共同塑造了"粒粒皆辛苦"的劳动者形象。而在摄影造型方面，摄像师在光学镜头的选择以及运动、光线与构图方面都有着冷静的掌控，画面看似没有色彩造型因素，其实黑白灰消色的选择本身就是色彩造型的主观处理。

图3-2-11 《造空房》剧照1

3.3.1 主体与场景的选择与创造

主体是体现画面主题的主要承载者，就是我们常说的突出主体，场景是容纳主体的特定空间，所以要简洁有序，使主体在场景中形成一定的意义和感染力，才能达到阐释主题思想的作用。初学摄像时，我们肯定先要学习拿着摄像机捕捉生活中的内容，这就是所谓的"主体与场景的选择"，这是纪录片类型的影视作品的主要工作；当已经具备了一定的影视画面掌控能力，且不满足于"选择"时，我们就希望自己能够主动去设计或虚构一场精彩的故事，这就需要我们完成第一层面的任务，去主动完成"主体与场景的创造"，这是剧情故事片与电视剧所面对的主要工作。

（1）主体与场景的选择

场景的选择与设计能够推动影片的情节发展，来展现影片中人物的情感以及完成形象塑造，为整部影片的情感主题奠定基调。符合剧情的发展与气氛的场景可以带来事半功倍的效果，围绕主角发生的故事情节在特定的场景下发展也会变成顺理成章的事情。空旷而简洁的场景不仅在构图上有很大的优势，还能营造气氛，确定主题基调。在这帧视频画面（图3-3-1）里，湛蓝宽广的江面上飘荡着一艘手工划驶的家用小船，江水、小船与身穿夹克的青年人共同揭示了俄罗斯人惬意简单的生活。在拍摄时，摄像师选择了视角较小的长焦镜头从远处拍摄，随着船只娓娓划向远方，神秘萧疏的感觉也油然而生。当然主体和场景的关系也随时依据主题情节的转换而发生改变。

（2）主体与场景的创造

影视剧情是以场景设计为背景进行展开与构架的，从而使得人物的角色扮演、情感表达等在影片中得以更好地依存和发展。主题制约着建筑场景中的样式、色彩、道具等设计元素的表达，同时，场景设计也对电影主题的表达、人物情感的促进起着重要的烘托作用。剧情影片中的场景设计可以增加影片的文化内涵、人文精神、艺术气质以及强悍的视觉冲击力和感染力。

这幅表现陕北农民准备过节的画面（图3-3-2），在选择场景地形、农房样式的基础上，通过渲染陕北民风民俗，全盘设计改造了原有场景的形态，为烘托主题气氛做足了铺垫工作。

图3-3-1 《家胜》剧照2

图3-3-2 农家场景

3.3.2 影视美术的服化道选择与设计

影视美术主要是指影片总体造型设计。具体工作范畴包括外景的选择与加工，内景的设计，服装、化妆、道具的设计等。它运用多种艺术造型手段，帮助塑造典型人物形象，并为人物提供活动环境。它直接决定了一部影像作品的美学表达与艺术内涵，对影视作品的主题起着决定性作用与影响。服化道的设计应该符合剧本中所交代的人物环境、历史背景，揭示人物的身份。无论是皇宫的龙椅、八步床还是现代戏中的普通陈设，或是不同时代的服饰与妆容，都是在向观众叙述剧中故事发生的时间、地点和人物身份。所以我们要在服化道的设计工作中力求做到国度、地域、地点的准确，时代背景无误。要从剧情出发，从人物、环境出发，考虑演员的动作，帮助演员刻画人物形象，塑造心理性格，创造特定的气氛。

这帧画面（图3-3-3）表现的是纪录片中的一个俄罗斯女大学生形象。原本纪录片中的人物是不需要为迎合角色需要而改变妆容和服饰的，但是视频画面里的这个姑娘是在参加一个正式的大型艺术展开幕式，所以她的妆容与服饰都是按照出席大型活动的淑女形象来设计的，因此很好地融入了俄罗斯艺术大展的高雅氛围。

图3-3-3 《家胜》剧照3

图3-3-4 秧歌

（1）服装

电影服装设计是剧情电影生产中的一个重要环节，它根据剧本和影片的风格，以及演员、化妆、场景设计来共同创造典型环境中的典型性格。它主要是为剧中人物服务的，运用服装设计来表现剧中人物，揭示人物的内心世界，不露痕迹地达到服装与剧中人物身份性格的完整统一。

在这幅剧照（图3-3-4）中，演员身着设计师设计的服装充分地投入到了表演状态中。服化道的充分准备是演员较快进入状态的重要原因。

（2）化妆

化妆是影视美术工作中的重要组成部分，化妆师的工作就是在演员的脸上和头部"画画"，化妆师甚至可以通过特效化妆让演员的形象彻底改变。影视化妆要和人物整体形象塑造达成统一，所以演员的肤色对化妆的色彩质感有直接影响。另外，化妆材料和服饰、光线等因素都对化妆效果有重要影响。当然，化妆的本质目的还是配合影视作品的主题，还原主体人物的身份，塑造人物性格。

这幅画面（图3-3-5）中的老年人形象就是化妆师辛勤劳动的结果，真实人物的身份只是一个二十几岁的男青年。

（3）道具

影视作品中，道具使用的正确与否，直接影响到作品的精细程度。道具设计师在制作道具前必须清楚认识影视剧所讲述的年代背景、人物性格，多参考历史资料，再加上丰富的想象力，这样才能做出符合剧作场景的道具。

在这帧画面（图3-3-6）里，倾斜的电线杆首先打破了生活的常规，人物手中的大刀又进一步制造了诡异的情节。

图3-3-5　化妆照　　　　　　　　　　　　　　图3-3-6　《造空房》剧照2

3.3.3 摄像造型手段的把握

影视作品中的摄像造型手段基本由光学、构图、运动、光线与色彩五部分组成，摄像师通过专业的技术操作将这些手段转换为导演所需的动态视觉语言。

（1）光学手段作为前提

在摄像机知识方面，对光学镜头功能的了解与掌控尤为重要，这是实践影视摄影与制作的前提。光学造型手段就是要认识摄像机的成像原理，让光线通过镜头的层层透镜组到达感光材料上，造成不同的光学成像效果。这帧视频画面（图3-3-7）是纪录片里一个俄罗斯小男孩的特写镜头，由于摄像师使用了长焦距、大光圈镜头，所以画面景深很小，虚实效果明显，再结合大面积窗户带来的散色光源与室内阴暗的环境光，充分揭示了小男孩稚嫩且忧郁的神态。数字摄像机的白平衡设定的色温数值也非常准确，充分地对应了自然光效带来的暖灰色调。光学镜头的技术控制，再结合光线、色彩造型语言的选择，充分地体现了摄像师的画面构成能力。

（2）构图造型作为基础

影视构图所处理的是画面中影像符号之间的组合关系，更具体地说是指人、景、物的位置关系以及形、光、色的配置关系。一般而言，构图能帮助摄影师在无序的世界中找到秩序，把散乱的点、线、面以及光、色等视觉要素组织成一个围绕主体展开的影视画面。

这是一帧大全景平视构图（图3-3-8），画面不仅有效处理了主体与场景的框架形式关系，而且线面结构配合光线带来的黑白灰构成，形成了图中有图、景中有景的全方位、多角度构图样式。全景画面既交代了故事发生的场景环境，让观者置身于这个设定好的环境中，引出接下来发生的情节，又在节奏上起到了缓和推进的作用。

图3-3-7　《家胜》剧照4　　　　　　　　　　　　　图3-3-8　《造空房》剧照3

（3）运动造型作为本质

固定镜头拍摄运动物体的动作范围是有限的，运动物体一旦走出画面，对运动物体的观察也就中断了。使用跟、摇、移等运动镜头，可以保证运动着的主体始终在画面内。摄像机的运动本身能够突出并有力地烘托镜头内部的场面本身所蕴含的动势或者发展中的情感力量，特别是在纪录本身处于运动中的事物的情状方面，运动使得镜头内部的场景具有一种动态美。运动镜头使得镜头与镜头之间变得丰富、有节奏感。运动一方面造成真实感、紧张感，另一方面就像是人眼在观看事件发生的过程，观众可以从运动的轨迹感受心情和状态。

这个镜头（图3-3-9）抓住了婴儿剪断脐带脱离母体的一刻，并将这一段十分珍贵的时间忠实地通过镜头运动记录了下来，宣告一个新生命的开始。人类具备通过语言掌控生存之命运的能力，所以说生命在于运动，运动是生命的本质，也是影视摄像语言的本质。

（4）光线造型作为灵魂

"光会改变我们的身体，改变皮肤的颜色，影响眼睛，甚至会决定我们理解世界的方法。光，它就是力和能量。"这是意大利电影摄影大师斯托拉罗的光线哲学。光是获得动态影像的先决条件，离开了光线摄影摄像就无法完成，所以摄影是用光绘画，用光布局画面，更是利用光线创造主题思想，所以说光线是影视画面的灵魂。光线造型是塑造角色性格、渲染情绪氛围的有力手段，不同的光色能够作用于人们的生理与心理，综合产生出视觉感受。光线本身没有灵魂，但人们却能感受到光色的情感，这是因为人们积累了许多视觉经验，一旦知觉经验与外来的光色刺激发生一定的呼应时，就会在人的心理引起某种情绪。

　　无论是选择自然光效还是用灯布光，光线控制能力最能体现专业摄像师的水平。这帧画面（图3-3-10）中的主体与场景仅仅是一条干枯的死鱼残骸与废墟残土，但强烈的直射光给画面注入了灵魂，赋予了思想，令观众立即产生了时光无情、岁月沧桑的主题情绪。

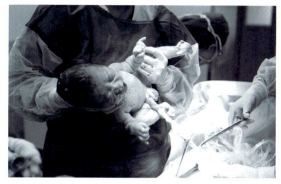

图3-3-9　呱呱降生

图3-3-10　《造空房》剧照4

（5）色彩控制作为结果

　　影视色彩往往是通过对人物场景空间的色彩布局和构成、视觉气氛的渲染、画面构图的经营、色彩运动的变化，使观众从强烈的视觉影像中感受某种超出故事情节之外的内容，因此现代影视作品更注重影片视觉造型语言传递信息的作用与功能。影视摄影中的色彩造型工作包括前期摄像阶段的色彩控制与后期色彩技术控制。前期工作包括摄像机功能调整与现场色彩关系的设计；后期工作包括剪辑软件操作与整体影调色调的控制以及色彩特效技术的实施。这些色彩造型手段的有序控制为观众呈现了影像画面的最终效果，凝聚了全体影像工作者的劳动心血。

　　这帧画面（图3-3-11）利用了清晨低角度、低色温值的逆光光效，营造了迥异于现场人物与环境固有色的浪漫色调。生活中的画面本来是寒冷冰面带来的洁白冷峻的色彩元素，摄像师不仅利用自然光效改变了画面主题，利用剪影营造出浩大的阵势，同时还大胆利用光学镜头"吃光"的缺点，将光学缺点转换为色彩光晕，强化了暖色调的情绪作用，将平凡的现实生活浪漫化，结果达到了升华劳动主题的目的。

图3-3-11　查干湖的晨冬

第4章　数字画面构图

4.1 摄影画面构图概述

摄影构图的学习是基础课到创作课的过渡阶段，是学以致用的关键阶段。在这门课程中主要解决学生在构图过程中的摄影意识和摄影表现手段对接的问题。通过对摄影构图基本理论的讲授，使学生掌握摄影构图时所需要理解的视觉规律，了解影响摄影构图拍摄的因素和摄影构图的基本规律与表现形式，并加以灵活运用。摄影构图和其他艺术门类一样，主要解决形式与内容的关系问题。首先，构图是造型艺术中一个十分复杂的问题，涉及范围很广泛，所以加强拍摄者自身各方面的修养才是出路。其次，构图是一门实践性很强的课程，需要在实践中总结经验，并理解创作和实践产生的密切联系。再次，学习构图的过程是提高自身艺术知觉的微妙过程。最后，构图的学习需要在摄取他人经验的同时，总结出自己独特的视觉经验和构图观念，才能够学以致用。在这样的前提下，我们来学习摄影构图才有着重要意义。

4.1.1 构图的概念

构图是一个外来语。在东方的平面造型理论中，构图常常被解释为布局章法和经营位置，表现为东方平面的思维方式（图4-1-1）；在西方被解释为构成、结构和联系，表现为西方立体的思维方式（图4-1-2）。虽然东西方对于构图的理解和概念定义不尽相同，但在视觉表现不断发展的今天，两种不同的倾向已经逐渐融合在当代艺术的各种表现形式当中。然而，任何门类都具有它特有的内在规律。因此，我们从摄影的角度来具体谈谈构图的内涵和定义。从广义上来说，构图的过程贯穿着摄影创作的整个构思和再现的过程，是一种形象上的和视觉上的思维方式。也就是说，摄影构图是某种抽象思维的视觉物化过程，一切与视觉信息交流有关的因素都属于构图范畴。从狭义上来说，构图指的就是画面的结构关系，或者是经营关系，是与取景的概念接近的，是画面内各个因素的布局与结构安排，确切来说是指画面内各物体与画面四框之间的经营关系。

摄影构图的过程就是把我们所需要表现的客观对象根据主题思想的要求，以现实生活为基础进行艺术表现的过程。有机地将有利于主题表现的事物组织安排在画面里，从而使主题思想得到充分的表达，使主次关系分明、互相衬托、简洁而生动。所以说，摄影构图是摄影者和创作者创作思想的再现过程。

构图就像写文章和语言表述一样，是一种叙事、表语、传情的载体。好的构图就像一篇好的文章，内容丰富、条理明确、言简意赅、抑扬顿挫、有感染力；构图不好的画面就像一篇废话连篇、词不达意、莫名其妙的败笔之作。因此，在构图过程中应该调动一切可行的造型手段来充分表达主题思想。这种充分意味着足够，而不是多余。所以在构图的过程中表现的内容就是创作者的思想。客观生活是拍摄的基础，其拍摄的方法就是有机地组织和安排画面的结构，关系分明，简洁、生动是效果，调动一切的造型手段是拍摄的意识。

图4-1-1　中国水墨山水画

图4-1-2　西方素描

4.1.2　摄影构图的基本目的

　　摄影构图的主要目的就是把观众的视线集中在拍摄者所要表达的物体之上。这个主要的物体叫作主体，这个主体又是主题的主要承载者，是拍摄的主要内容。这就是我们常说的主体突出或者突出主体。在创作中，主体在画面中形成了一定意义和感染力，从而达到体现主题思想的作用。在实际拍摄的过程中，我们会遇到一些问题，比如我们要考虑如何曝光、如何取景，在哪一个时间段按下快门，等等，从而导致拍摄时创作思路不够清晰。为了解决这样的问题，我们应该明确构图的目的是什么？首先，摄影构图的第一个目的就是把一个抽象的观念即拍摄者的思想以一种平面视觉的方式表现出来。作为平面视觉表现的画面，应该是可以承载这种视觉的物化的这样一个载体。呈现这样物化载体的具体物体就是我们画面中所要表达的主要物体，就是画面的主体。其次，我们要做的就是对这个主体进行全方位的造型。在这一阶段，我们要尽一切可能对主体进行包装，其目的就是要把观众引向拍摄者最需要用于表达主题思想的主体之上。如果说我们简单地把拍摄者的想法看成发现内容的目的的话，那我们可以把视线引向主体，这是形式上的目的。从这个角度上讲，构图是在解决内容和形式之间关系的课题。画面内的形式仅仅是构图的外表，真正有意义的部分应该是画面所传达出来的创作者的思想和观点。

4.2　数字画面构图的结构成分

4.2.1　图底关系

　　在图底关系中图底是一个术语，它属于心理学研究范畴，而它正式成为广泛应用的术语是来自格式塔知觉理论。阿恩海姆在《艺术与视知觉》一书中分析构成"形"的种种要素，通过大量的绘画艺术品实例剖析，阿恩海姆认为，图与底之间的关系就是"部分"与"整体"、"图形"与"背景"以及"知觉"与"记忆"之间的关系。而"图形"与"背景"之间的关系，就是指一个封闭的式样与另一个和它同质的非封闭的背景之间的图底关系（图4-2-1）。

我们都知道客观世界不分主次，但是人的思维是主观的。在观察世界时，我们通常将眼前的事物分为各种层次。对于人来讲，作为画面和景物的完整性存在，那么其间必然存在对象的主要性和次要性，这就是图底关系产生的原因。主体是人们关注的主要事物，也就是图；环境是人们并不太关心的事物，也就是底。一张照片中，主体是人们重点关注的，而周围的背景能够使主体从环境中分离出来。主体与背景之间的明暗、色彩、虚实等关系，直接影响着主体的突出，所形成的对比越强烈，主体越突出；反之，主体越弱化。

如何处理图底关系？首先，可以利用主体和环境的明暗关系。例如，将暗的物体映衬在亮的背景下（图4-2-2），或者将亮的物体映衬在暗的背景下，或者把有明暗变化的物体处理在有明暗变化的背景下，或者把有明暗变化的物体处理在中间影调的背景下，等等。其次，可以利用物体之间的色彩对比。例如，利用物体之间的色别不同，色别对比越强烈，轮廓越清晰，主题越突出；利用明度不同，明度差越大，轮廓越清晰，主体越突出；利用饱和度不同，饱和度越高的物体越容易从饱和度低的大面积背景中突出出来；利用色彩和消色之间的对比关系，有消色倾向的环境可以很有效地将具有色彩倾向的物体突出出来。

图4-2-1　图底关系　曾思琦/摄

图4-2-2　图底关系　吕格尔/摄

4.2.2 虚实关系

摄影作品要具有艺术感染力，并不是一味地清晰。清晰度很强的作品可以成为成功作品，虚实得当的作品也可以有好的艺术感觉。不加以取舍，面面俱到，不能传达出虚实相间的艺术效果会让作品失色不少，因此照片的虚实把握就显得很关键了。如果很好地理解了虚实关系，就会在作品表现上实现事半功倍的作用。

利用虚实关系，把主体的轮廓处理得越清晰，主体就越容易从背景上完全脱离出来，使主体更加突出，即更加突出主题（图4-2-3）。如果虚化轮廓，更容易与背景融合在一起，使主体模糊。可以通过控制景深和快门速度两种方法去控制虚实关系（图4-2-4）。虚实的互动，也可以使画面更显灵动、更具艺术魅力。

图4-2-3　虚实关系处理　莎莉·曼恩/摄　　　　　　　　图4-2-4　虚实关系处理　黄嘉杨/摄

4.2.3 封闭式构图和开放式构图

摄影中有两种不同的构图观念即封闭式构图与开放式构图。用框架去截取生活中的形象，并运用空间角度、光线、镜头等手段重新组合框架内部的新秩序时，我们就把这种构图方式称为封闭式构图。封闭式构图把框架之内看成是一个独立的天地，追求的是画面内部的统一、完整、和谐、均衡等视觉效果。封闭式构图比较贴近中国传统美学审美观念，讲求圆满和谐、严谨等美感，适合抒情性风光、静物的拍摄题材。在封闭式构图的画面中表达一些严肃、庄重的感情时，主体周围要有一定的环境表现力，应明确交代主体所处的环境。有色彩的人物、生活场面，可以使用严谨、均衡的封闭式构图。

开放式构图在安排画面上的形象元素时，着重于向画面外部的冲击力，强调画面内外的联系。开放式构图在表现形式上有以下特点。一是画面上人物视线行为与落点常常在画面之外，暗示与画面外的某些事物有着呼应和联系。二是不讲究画面的均衡与严谨，不要求画面内的形象元素完成内容的表达，甚至有意排斥一些或许更能完整说明画面的其他元素，让观众获得更大的想象空间。三是有意在画面周围留下被切割的不完整形象，特别在近景、特写中进行大胆的不同于常规的切角处理，被切掉的那一部分自然也就留下了悬念。四是显示出某种随意性，各种构成因素有一种散乱而漫不经心的感觉，似乎偶然的回眸一瞥，强调现场的真实感。观众由被动地接受转化为主动的思考，是对观众的创造力、想象力和参与能力的充分信任，可有效地突出主体，并会使欣赏者获得较大的想象空间。开放式构图适合于表现以动作、情节、生活场景为主的题材内容，尤其在新闻摄影、纪实摄影中更能发挥其长处。

4.3 数字画面构图的基本要素

4.3.1 光线

光是一种物质。如果没有光，人们将面对一个无法认识事物的黑暗世界。光是视觉之源。光是照相机及感光材料工作的核心因素，是摄影行为的核心因素。光线不仅使摄影成为可能，也是摄影构图和造型的重要手段：利用光线明暗和强弱的对比，使主体在画面中鲜明突出；利用光线强调某些重要细节，隐没某些不必要的因素等。

① 按照光的性质可分为散射光线与直射光线。

散射光线没有明显的光线方向，没有光影，照明均匀，景物的明亮程度相似。景物表现为各细部都有所见，中间层次比较丰富，但影调显得平淡，层次不清。物体由于没有明暗的变化，立体形态不鲜明。在色彩表现上，有平涂色彩的意味。在构图上，有平铺直叙、柔和、细腻的表现效果。但是要注意，摄影者应多在对象的形态、大小方面调整画面的结构，以建立视觉重点，突出主体。在画面的整体结构上，常运用变化的前景调整画面的影调。由于这种光线条件中间层次丰富、柔和，所以常用于人像摄影。

直射光线有明显的光线方向性，并有明显的光影。景物被照明的部分亮，未被照明的部分暗，从不同的方向观察，景物有不同的明暗配置变化。不同的光线方向，物体有不同的明暗配置及形态表现。

② 按照光的投射方向可分为顺光、侧光、逆光。

顺光表现为景物被普遍照明，几乎不产生阴影，物体有平涂的自然色彩效果，立体形态不鲜明，景物层次不清，影调显得平淡，景物的细部都可以一览无余，在大景别中往往使人有纷杂的感觉，主要对象不易突出（图4-3-1）。画面构图缺少明暗变化，缺乏影调的韵味，立体感弱、空间透视最弱。

侧光适用于各种景物的表现，具有丰富的影调（图4-3-2）。这种光线能使物体产生明显的明暗变化，能够很好地表现出物体的立体形态，产生有力度的透视效果，并能够丰富画面的影调层次。侧光主要用于分辨景物的主次，以建立视觉重点、突出主体等。明暗还可以有不同对比的变化，以表现不同的情调。例如，小对比有柔和感，大对比有阳刚的气势等。

图4-3-1 顺光 安塞尔·亚当斯/摄

图4-3-2 侧光 蒋建兵/摄

逆光使景物的细部完全被掩藏在阴影之中，不能精细地描写对象，景物的立体形状得不到呈现。但在多层次的景物中亮轮廓可以使层次分明，有较好的空间表现（图4-3-3）。由于景物普遍较暗，物体亮轮廓线条特别鲜明，形象十分清新悦目。亮的轮廓线条富有装饰性，可以增强画面的形式美感。当曝光条件充足时，逆光是最生动的光线，空间感极强，立体感弱于侧光。

4.3.2 色彩

　　我们的生活时时刻刻都离不开色彩，我们能够感知色彩，并在色彩中体验世界。了解和控制这最贴近生活的元素——色彩，是学习摄影的基础之一，对于创作出好照片是不可或缺的。

　　摄影中色彩的展现是一张照片吸引人的要素之一。色彩来自于光的作用。我们把光分为可见光和不可见光。可见光分为红、橙、黄、绿、青、蓝、紫，在这些颜色中红、绿、蓝被称为光的三原色，相应的补色光为青、紫、黄。各种色彩都是由两种或是两种以上的原色光或者补色光相互叠加而形成的。

　　一张照片的色彩，特别是鲜艳的色彩，是最直观地进入观看者的视野的，鲜艳的色彩冲击也是最容易给观看者留下印象的。如果运用得当，照片色彩可以作为作品主题，也可成为框架，甚至是有力的点缀。

　　对被摄对象的色彩进行一定的处理是摄影构图中的一个重要因素。彩色摄影中被摄体的色彩可以通过光线的处理、物体的选择和曝光等技巧来处理。当照片中使用两种或两种以上色彩时，色彩和谐问题就会出现。在处理色彩时，要有目的性，分清主次关系，不能仅仅为表现色彩而使用色彩，色彩表达必须以主题为基础。色彩的应用要有整体的观念，画面中的色彩应用要和谐统一。

　　常见的几种色彩效果有：① 冷调的色彩效果（图4-3-4）；② 暖调的色彩效果（图4-3-5）；③ 和谐的色彩效果（图4-3-6）；④ 单色的色彩效果（图4-3-7）；⑤ 对比色调的色彩效果（图4-3-8）。在使用色彩时，要考虑色彩之间的关系。当各种色彩互相搭配时，不应有明显的冲突。应将亮的色彩和暗的色彩、暖的色彩和冷的色彩、色彩的色量和比例关系等结合起来考虑，这样才能在配置上有所差别，又可以形成各种不同的和谐效果。

图4-3-3　逆光

图4-3-4　冷调色彩

图4-3-5　暖调色彩　赵大鹏/摄

图4-3-6　和谐色彩　王冠/摄

图4-3-7　单色色彩

图4-3-8　对比色彩

4.3.3　影调

对摄影作品而言，影调又称为照片的基调或调子，是指画面的明暗层次、虚实对比和色彩的色相明暗等之间的关系。通过这些关系，使欣赏者感到光的流动与变化。摄影画面中的线条、形状、色彩等元素是由影调来体现的，比如线条是画面上不同影调的分界。

影调是影像画面构图的基本因素，是造型处理、画面构图、烘托气氛、表达情感的重要表现手段。

根据画面反差可分为硬调、软调和中间调。

①硬调，特征为两个相邻影调之间过渡层次少，明暗对比强，反差大，给人明快、粗犷的感受（图4-3-9）。

②软调，画面主要由黑、白、灰之间的过渡层次组成，明暗对比弱，反差小，给人柔和、细腻、含蓄的感觉，由于层次过于细腻，不利于造型（图4-3-10）。

图4-3-9　硬调　刘飞鹏/摄

图4-3-10　软调　刘松/摄

③ 中间调，画面以灰调为主，由深灰到浅灰的丰富影调层次在画面中占绝对优势，组成画面的总的影调，影调层次丰富，反差适中，接近人眼观察景物的效果（图4-3-11）。

根据画面影像所表现出来的明暗可分为高调、低调和中间调。

① 高调，也叫亮调，由浅灰到白的影调层次在整个画面中占优势，只以少量的暗调构成画面，给人轻松明快、纯洁的感觉（图4-3-12）。

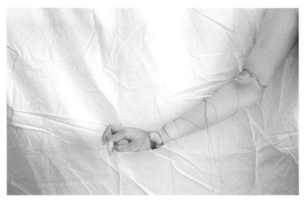

图4-3-11　中间调

图4-3-12　高调　苏双一/摄

② 低调，也叫暗调。它以生灰到黑的影调层次在画面中占绝对优势，组成画面中总的影调，只以少量的亮调勾画主体轮廓，构成视觉中心。如图4-3-13所示，主体在暗的背景中很突出。低调的照片画面有深沉庄重、神秘之感。

③ 中间调，是指高调和低调中间的调。

影调在摄影中是组成被摄对象可视形象的因素，又是组成画面突出主体的造型因素。如果没有影调和影调对比，画面中的景物就会主次不分。为了形象地反映现实生活，经常利用影调变化来改变画面结构，以确定主体在画面中的位置，使画面均衡又稳定。运用影调对比来均衡画面，是画面取得稳定感的重要手段。

图4-3-13　低调　张沈平/摄

4.3.4 位置

拍摄的位置直接影响到画面的构图。拍摄位置的变化影响着画面中主体与周围环境的关系，影响到主体在画面中所占有的面积。主体面积越大，画面中环境面积就越小，主体的信息量就越强。所以，我们可以充分放大所需要表现的主体或主体局部的特点来说明主题思想。而位置就是观察者观看事物的视点，一般有三种：拍摄距离、拍摄方向和拍摄高度。

拍摄距离是指拍摄点到被摄对象之间的距离。在拍摄方向和拍摄高度以及镜头焦距不变的情况下，改变拍摄距离会产生画面所包含的景物范围大小和内容的变化。这就意味着，选择不同的拍摄距离，我们就可以改变画面中主体左右两边物体的信息量，也改变着主体与环境之间的关系，这一切都要根据主题表达和主题需要来决定。根据距离的远近，可以分为远景、全景、中景、近景和特写，我们把这称为景别。不同的景别带来不同的画面特征和信息量。

拍摄距离的变化可以改变画面左右范围的物体关系。同时，景物的结构和景深也会改变。对于景别的选择，应根据主题要求、拍摄者的意图以及造型的需要来确定。改变景别的方法，不只有改变拍摄距离，也可以改变镜头的焦距。但是这两种方法在画面内产生的透视和结构关系是不同的。

4.3.5 地平线

地平线实际上是一条概念化的线，不代表任何实物。它是当你看到在天空和地面（水面）交界的时候因为色差、明度差而主观形成的一个线的概念（图4-3-14）。地平线完全不可见，比如说拍树林的时候，树会打破地平线的构成，但是这并不意味着地平线在这张图片中不存在了，实际上它依然存在于观众的意识中，在这种情况下，地平线是凭借参照物表现的。那么，在这种情况下，地平线应该改名叫作"水平线"更为贴切。

图4-3-14 地平线 塞巴斯提奥·萨尔加多/摄

地平线高度与主体关系的改变，使主体周围信息量产生变化，改变了天空和地面这两个不同的平面在画面中的分量。

水平的地平线表达的情绪主要是稳定和平静。平稳的地平线实际上给人的是一种归属感、安全感，而倾斜的地平线则有动感和不安的因素。

4.3.6 角度

不同角度拍摄的画面具有相应的画面特征。在拍摄距离和拍摄高度不变的条件下，不同的拍摄方向可以展现被摄体不同的侧面形象以及主体与陪体、主体与环境的不同组织关系变化，并富有一定的情感。角度指的是拍摄方向是以被摄对象为中心，在同一水平面上围绕着被摄对象四周所选择的取景角度。根据拍摄方向的不同，可以分为正面角度、斜侧角度、侧面角度、反侧角度和背面角度五种。

也可以在纵向上选择不同的拍摄高度作为拍摄角度。在拍摄距离、拍摄方向不变的条件下，不同拍摄高度的选择实际上是在选择不同的主体、陪体和背景的映衬关系。不同的拍摄高度，画面的透视和水平线的位置存在一定程度的变化。不同的拍摄高度，所带来的画面情绪是不同的。不同的拍摄高度，代表了拍摄者对主题和主体的观点与态度。根据拍摄高度的不同，可分为平角度、仰角度和俯角度。

4.3.7 背景

背景是组成画面的一个重要因素，它的作用包含很多方面，烘托主体，交代主体事物周围的环境，渲染画面气氛，表现画面空间感（图4-3-15），帮助主体叙事、表情、表意，表现主体内部的性格和精神面貌等。背景可以说明主体事物发生的原因、地点、时间等细节因素，是画面中情调和气氛展现的重要因素。背景能够更好地烘托主题，使主体得以具体展现，同时可以利用背景上的线条结构引导观众，集中视线于主体之上。背景应该力求简练，避免繁杂而影响到主体的展现。

图4-3-15 莎莉·曼恩/摄

4.3.8 空间

线条是表现空间关系最直接的方法，线条向远方汇聚，可以吸引人的目光由近及远，而线条越来越窄又可以表现出近大远小的视觉效果。人们观察景物有"近大远小"的视觉效果。人观看景物的位置不同，景物与景物之间的相对位置也不同。线条透视存在于人看见的所有景物上，明的线条容易感觉到，暗的线条常常被忽视。建筑物或道路的线条都可以帮助建立这种视觉感受。

构图时画面中线条的舒展、延伸等，往往会给人不同的心理暗示。向远方延伸的线条，给人很强的纵深感，而向某个点集中汇聚的线条，则具有明显的透视感，这对空间的表现很有意义（图4-3-

16）。在平时的拍摄实践中，可利用广角镜头靠近带有线条特征的对象，夸张前景，为画面增加立体的空间感觉。

空间的处理还可以依靠合理安排近景、中景和远景的衬托与对比，就是要在近景、中景和远景都安排景物，否则无法形成这种对比关系，观者也就无法从图片中感受到空间的存在。前景能衬托出景物的大小，让观看作品的人了解到景物各部分的相对比例，给人很直观的印象。远景的作用主要是延伸画面的视觉层次，增加作品的空间感和意境。由于远景的存在，可以将近景景物和主体景物扩展开去，以烘托意境的气氛，加强画面的美感，激发人们的想象力和感染力。

图4-3-16　尚路普·谢夫/摄

利用大小透视来处理前景、中景、远景之间的关系，使画面构图看起来有条理、有秩序。改变拍摄距离，靠近前景进行构图，改变前景与远景的透视关系，加大透视比，凸显画面的透视空间感。

利用镜头焦距改变空间大小，视觉感受非常直观。广角镜头能够夸大透视关系，使物体与物体之间的距离增大，使空间延展，物体的视觉比例关系也被增大；而长焦镜头则使空间被压缩，使前后物体的比例对比减弱。

4.4 数字画面构图的基本规律

4.4.1 均衡

均衡，就是平衡。用这种形式进行构图的画面不是左右两边的景物形状、数量、大小、排列的一一对应，而是相等或相近形状、数量、大小的不同排列，给人以视觉上的稳定，是一种异形、异量的呼应均衡，是利用近重远轻、近大远小、深重浅轻等透视规律和视觉习惯的视觉均衡。取得平衡的方法可以从取得对称和均衡两方面着手。可以利用事物本身的对称性取得平衡，可以利用表现内容之间的位置关系取得平衡，也可以利用所表现事物形式因素之间的呼应关系取得平衡，还可以利用投影取得画面的平衡。

　　均衡是平衡画面布局中各事物的轻重、疏密、繁简等关系，在画面和观看者的心理上创造出一种具有灵活性的平衡关系（图4-4-1）。均衡画面要求整体具有统一感，画面的处理稳定平衡。均衡式构图给人以宁静和平稳感，但又没有绝对对称的那种呆板、无生气。均衡是摄影构图的基本形式，合理利用均衡这种艺术形式，要多加观察和实践。

4.4.2　对比

　　对比是指运用画面各类因素中的任何一种差异形成比较，是在比较中形成的视觉关系。这些事物之间的差异是画面表现的重点，并通过摄影手段放大，形成吸引人们注意力的关键（图4-4-2），让这种差异成为压倒一切的观看重心。在画面中形成对比的方法有很多，比如大小、高低、粗细、长短、疏密、明暗、刚柔、形状、色彩、方向、虚实、质感、情绪，甚至是画面表现的内容，都可以成为形成对比的因素。另外，这要根据拍摄者所要表达的内容来决定。

4.4.3　统一

　　统一在构图中是对形式美中对称、平衡、比例、变化、虚实、节奏等规律的集中概括。统一在组织结构、安排画面对象时，要求多样、有差异，但又不能绝对对立，而是浑然融为一体（图4-4-3）。摄影艺术运用各种不同的手段进行表现，总是表现事物的各种不同的存在形式，总是在空间位置关系上进行变化，进行组织安排。如果这些纷杂的视觉因素只有多样化，没有和谐统一，就会显得纷繁杂乱；如果只有和谐统一，没有多样变化，就会显得呆板单调。只有既存在着各自的独立

图4-4-1　均衡　安塞尔·亚当斯/摄

图4-4-2　对比　吕格尔/摄

性，又存在着各自的差异性，在外在形式上形成差异，在内在关系上又形成一定的联系，构成统一的整体，才能具有整体统一的完整构图画面。

图4-4-3 统一 黄嘉杨/摄 　　　　　　　　　　　　　　图4-4-4 节奏 刘飞鹏/摄

4.4.4 节奏

节奏指的是同一图案在一定的变化规律中重复出现所产生的运动感，并具有一定的秩序美感。

某一事物在画面中相同的间隔重复出现而形成某个规律，它们在视觉上的应用与在音乐上的应用很相似。节奏是简单元素的重复，任何内容和形式都可以以某种方式形成节奏。从内容上讲，可以是人物的排列，也可以是某种事物的排列与交替、发散等；从形式上讲，可以是线条影调、色块质感的排列等。这是画面形成形式美感并集中体现的一种方法（图4-4-4）。

4.5 数字画面构图的基本方法

4.5.1 黄金分割构图法

黄金分割构图法是一种常用的构图法则。黄金分割起源于古希腊的一个故事。据说有一天，毕达哥拉斯走在街上，在经过铁匠铺时，他听到铁匠打铁的声音非常好听，于是驻足倾听，他发现铁匠打铁的节奏很有规律，就把这个规律用数理的方式表达出来，后来被应用在很多领域。它是指事物各部分间一定的数学比例关系，将整体一分为二，较大的部分与较小的部分之比等于整体与较大的部分之比。这个比例是最能引起人们视觉美感的比例，被人们称为黄金分割（图4-5-1）。在摄影中35mm胶片画幅的比率正好非常接近这个比率。

黄金分割构图法是摄影学习中最常用的一种构图法则，许多构图方法都是由黄金分割构图法演变而来的。黄金分割构图法是将主体置于黄金分割点上，这样给人的视觉感受最佳。因此，在摄影画面中，利用黄金分割构图法构图可以比较完美。

图4-5-1　王依/摄

图4-5-2　田佳蕊/摄

4.5.2　井字形构图法

井字形构图法也叫作三分法，是一种在摄影、绘画、设计等艺术形式中经常使用的构图方法。井字形构图是指把画面横分为三份，每一份中心都可放置画面主体，这种构图适宜多形态平行焦点的主体（图4-5-2）。这种构图方法可以表现大空间小主体，表现鲜明，构图简练。

4.5.3　三角形构图法

三角形构图法是将三个视觉中心作为景物的主要位置点，有时是以三点成面几何构成来安排景物，形成一个稳定的三角形。这种三角形可以是正三角、斜三角或倒三角，其中斜三角较为常用，也较为灵活。三角形构图具有稳定、均衡但不失灵活的特点。

在三角形构图中，画面所表达的主体放在三角形中或影像本身形成三角形的态势，此构图是视觉感应方式，有形态形成的三角形态，也有阴影形成的三角形态。如果是自然形成的线形结构，这时可以把主体安排在三角形斜边中心位置上，以图有所突破，但只有在全景时使用效果最好。三角形构图可产生稳定感，倒置则不稳定，突出紧张感（图4-5-3）。三角形构图可用于不同景别，如近景人物、特写等摄影。

4.5.4　框架式构图法

框架式构图法是用一些前景将主体框住。常用的有树枝、拱门、栏杆和厅门等（图4-5-4）。框架式构图很自然地把注意力集中到主体上，有助于突出主题。但是，焦点清晰的边框虽然有吸引力，但它们可能会与主体相对抗。因此用框架式构图多会配合光圈和景深的调节，使主体周围的景物清晰或虚化，使人们自然地将视线放在主体上。

最后需要强调的是，构图是"无法之法"，任何一种构图都要遵循这样的原则。或者说我们不要局限于某种特定的构图形式中，要结合实践不断融入新的经验，创造新的视觉样式，这样才能使画面具有吸引力和表现力。落入俗套的画面不可能成为具有视觉表现力的成功作品。

图4-5-3 李聪聪/摄 　　　　　　　　　　　　　　　　　　　　　图4-5-4 刘飞鹏/摄

4.6 影视摄影中的固定画面拍摄

4.6.1 固定画面的概念

电影的镜头由画面、景别、拍摄角度、镜头的运动、镜头的长度和镜头的声音构成。虽然镜头的运动是电影特有的属性，适当运用能增加画面表现的感染力，但固定画面的拍摄在影视拍摄中还是非常重要的，重要的戏份交代、表达情绪、表达情感、心理暗示之类的镜头更适合通过固定画面交代（图4-6-1）。固定画面也称固定镜头，是和运动画面相比较而言的。机位、光轴、焦距"三固定（三不变）"，是拍摄固定画面的前提条件。机位不动，是指摄像机无机位的移动、升降等。光轴不动，是指摄像机没有摇摄。焦距不动，是指摄像机没有变焦，没有镜头推拉。概括地说，就是固定画面处于静止的状态，画面的外部运动因素消失。画面构图的框架是固定的。

4.6.2 固定画面的作用

固定画面拍摄是镜头画面的常规形式，固定画面的构图保持相对的静态形式，维持画面构图的静止效果，给人静止、冷静、客观、平静的感觉。

① 固定画面有利于表现静态环境。由于没有机位移动，画面中的背景和环境的交代，能够在观众的视线中得到较长时间的、比较充分的关注，在视觉语言中起到交代客观环境、反映场景特点、提示景物方位的作用。

② 固定画面对静态的人物有突出表现的作用，尤其是一些人物情绪变化比较微妙的镜头，能使观众的注意力集中到人物的表情和动作上（图4-6-2）。观众能够"盯看"或是"凝视"画面。

③ 固定画面隐藏了摄影机的存在，使观众的注意力集中在画面中，更容易进入电影情绪。

④ 固定画面具有客观性。没有摄影机的构图调整，观众感知到的画面是相对比较完整的，会认为是客观记录的画面。

图4-6-1　电影《士兵之歌》的固定镜头画面

图4-6-2　《士兵之歌》固定镜头表现人物情绪
摄影指导：Vladimir Nikolayev

⑤ 固定画面能起到强化动感的作用。用固定机位拍摄运动画面时，能达到以静衬动的作用（图4-6-3）。画面框架的不动，使画面内的动感、动势得到突出甚至是夸张的表现。

图4-6-3　电影《鬼婆》固定画面强化动感

静是动的前提和基础，虽然摄影机机位固定拍摄，但构图内部可以有一定的运动。被摄主体会有相应的、小范围的位移和动作。有的固定画面不会影响画面构图的保持，但有的会造成画面构图的变化，如画面景别的变化、前景的变化、背景的变化等。固定镜头既能表现静态的被摄对象，也能表现动态的被摄对象。

对于固定画面的拍摄，要注意安排被摄人物的位置、景别、角度、地平线、光线气氛、透视等，以上六个元素决定了画面的构图。由于固定画面的特定形式，在画面内部没有太多运动的情况下，整个镜头就只有一种构图形式。

固定画面的拍摄，要注意画面的布局和平衡。影视画面均衡就是指对出现在中轴线两侧的被摄体的形状、大小、色调、色彩等进行对比，并用杠杆原理将其组织起来的一种艺术组合形式。画面均衡包括对称均衡和非对称均衡。这里特别要注意的是非对称均衡，在16：9的画幅及2.35：1的画幅拍摄时，由于画幅比较宽广，构图时容易造成左右重量的失衡。非对称均衡的原理在此类画幅中的使用比较多。非对称均衡，就是构图的画幅不是左右两边的人物或物体在形状、重量、数量、大小等方面的对称，而是运用人们心理上的感觉和生活中的体验形成画面中力度上的均衡，其中包括一些视觉规律——近大远小、近重远轻、深重浅轻等透视规律和视觉习惯的均衡考量。

4.6.3 固定画面的拍摄要求

① 固定画面的要求首先是"稳"。在拍摄时，摄影师应当充分考虑画面的稳定性。最常见的方法就是使用三脚架，只要是在视听上要求是固定机位拍摄的，都应当使用三脚架，而肩扛式的拍摄是为了应急或是有某种美学追求。当拍摄环境不允许使用三脚架时，就要因地制宜，在拍摄现场寻求支撑摄影机的物体。在特殊情况下，如三脚架的高度达不到摄影需要的高度，可以把摄影机放在地上拍摄，也可以适当垫上一些物体，使之形成一定的仰角，这样就可以拍出稳定的低角度仰拍画面。

② 要注意保持拍摄画面的"平"。固定画面特别要注意画面的水平线与地平线保持水平。在没有特殊象征意义的前提下，每一次拍摄都要保持画面的水平线。这要求在摄影机上了三脚架之后要检查三脚架的水平线，一般三脚架都有调试水平线的水平珠。除非拍摄的内容有特别的主观情绪或某种暗喻，如危险、不安定等，可以刻意地拍摄水平线倾斜的画面。

③ 要注意保持画面的"实"。"实"指的是画面的焦点"实"，尤其是在固定画面的拍摄中，更要精确聚焦，确保焦点聚实，展示给观众的画面始终是清晰的画面，这是由固定画面的特性决定的。运动画面在运动过程中视觉中心会有变化，对焦点的虚实相对比较主观，而固定画面的信息往往是观众的视觉焦点，如果画面发虚的话可能造成画面交代信息的缺失，除非是有特殊美学追求，比如画面的朦胧感、不确定性等。

④ 要注意保持画面的"美"。拍摄静态画面比拍摄动态画面更难，它对元素组合要求高，均衡、鲜明、唯美、韵味，要想同时做到这些非常难。

固定画面对表演是一种极大的展示。固定画面拍摄时对画面的形体、表演、动作都要求很高。"静态出戏"，影视拍摄时很多剧情的表达、情绪的传达都要依靠固定画面，因此摄影的构图、角度、反差、光比、背景、影调、方向、色彩、动作、细节、虚实、光线等都极为重要。

第5章　数字影像画面中的景别与角度

5.1 景别的概念与作用

　　景别是指画面收取景物范围大小的变化，主要通过改变拍摄距离和调整镜头焦距两种方法来实现。拍摄距离是指拍摄位置到被摄对象之间的距离，距离事物越远收取的画面越全面，反之则少（图5-1-1至图5-1-4）；站在同一拍摄位置，镜头的焦距越广收取的画面内容越多、越广阔，反之则少（图5-1-5至图5-1-8）。通过这两种方法，画面可以分为远景、全景、中景、近景和特写五种景别。

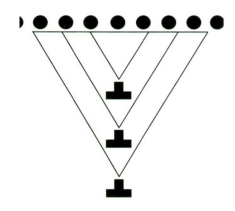

图5-1-1　拍摄距离改变景别的示意图

图5-1-2　距离被摄物体5.6m拍摄的景别效果

图5-1-3　距离被摄物体2.1m拍摄的景别效果

图5-1-4　距离被摄物体1.3m拍摄的景别效果

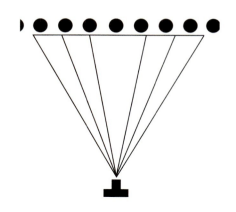

图5-1-5　镜头焦距改变景别的示意图

图5-1-6　17mm镜头焦距的景别效果

图5-1-7　50mm镜头焦距的景别效果

图5-1-8　85mm镜头焦距的景别效果

　　景别的不同会产生不同的画面特征和信息量。实际上，景别的变化是一个连续性的变化，景别的范围是从大到小有丰富变化的，不要以区分景别为目的，景别对于画面内容表达的影响才是需要思考和斟酌的问题。不同景别的选择实质上是在增加或减少画面中主体左右、上下、前后的物体，也是在改变主体与环境在画面中的面积关系：距离主体越近，主体面积越大，在同一平面中的环境面积就越小，主体的信息量就越强；反之则越弱。所以，可以充分放大需要表现的主体或主体局部的特征来说明主题思想。与此同时，不同的景别带有相应不同的情感暗示，赋予画面在观看上的态度变化，这种变化带来了不同的画面情绪。

5.1.1　远景

　　远景指离物体较远处或使用广角镜头拍摄的画面（图5-1-9、图5-1-10）。画面内包括的景物范围很广，能够显示出物体与周围相当广阔的环境背景，所以远景景别有利于表现被摄场景的总体印象，比较适合表现大的环境气氛和气势以及景物范围较大、数量较多的物体。因此，远景能够强调景物之间的联系，但是不能鲜明地显现出被摄物体细部的具体情况，是主体在各个景别中个性特点最弱的一类景别，只能是气氛上的渲染。对于远景的处理需要注重整体的大块面的影调、色彩和线条的结构关系，整体上带有较冷静的心理感受。

图5-1-9　画面中的人物细节都无法显现，这样的景别更多的是在表现整体的气氛和关系
塞巴斯蒂安·萨尔加多/摄

图5-1-10　画面更多地展现了地理关系、城市景象的位置关系，这样的画面如果在组照中
更适合开篇或强调事件发生的整体氛围　吴景颜/摄

5.1.2 全景

　　全景指处在远近适中的距离或使用较广的镜头拍摄的画面，比远景距离近、镜头焦距由广角镜头偏向标准镜头焦距端（图5-1-11、图5-1-12）。环境气氛不如远景充分，但是主体在全景中比远景画面更突出。通常适合表现在少量有限定的环境中描述主体物体，能适当地表现被摄物体的全貌与整体，或者是事物与其周围环境的关系，既有环境全貌又有少量个体特点，但是两方面都不够充分。画面效果的视野范围与人眼的视觉相近，是一种很常见的形式。全景能给人完整的印象，但不能给人以强烈的视觉冲击感和具体细节，情感上仍具有相对的冷静感觉。

图5-1-11　画面交代了建筑工人工作的环境。全景的画面实质上不是在表现具体的人，对于人物面部的呈现更多地也是在表现环境中人的状态。工人在危险的环境中劳作的状态是这张作品的重点
塞巴斯蒂安·萨尔加多/摄

图5-1-12　画面中的人物细节较少，更多地在表现人与土地之间的关系。人物依稀可以辨别的表情给画面的内容带来一定的引导。至于这个人是谁，在全景的景别中并不是要被强调的内容　孙涛/摄

5.1.3 中景

　　中景指处在比全景更近的距离或使用接近标准镜头拍摄的画面（图5-1-13、图5-1-14）。中景是包容某一物体或某一物体局部细节的画面，通常表现人物全身或膝盖以上的状况。中景内的环境范围较小，有时可能完全没有环境。中景可以很好地表现物体的部分或部分之间的关系。在表现人物时，可以突出人物具体的姿态、手势动作、表情或者人与人、人与物、物与物之间的关系以及情感的交流等。整体上，中景相对于全景更加符合人们观看的视觉习惯，具有一种亲切感。另外，风景摄影中的"小景"也是一种中景。

图5-1-13　对于这一对十分年轻的少年情侣，其关系一定需要一个较近的中景景别才能够被完全地解读出来。十分年轻的面容、较为成熟的衣着和肢体关系带来了画面的看点　戴安·阿勃斯/摄

图5-1-14　中景景别让读者能够细致地看到人物的衣着和居住条件的细节　孙涛/摄

5.1.4 近景

　　近景采用了比中景更近的距离进行拍摄，在镜头焦距上则偏向长焦距端，相对于中景画面范围更小（图5-1-15、图5-1-16）。在人像摄影中，通常表现人物胸部以上的状态。画面中的被摄物体形成较大的影像，几乎没有环境，这样可以简化主体周围不必要的事物。影像高度集中于主体，所以能够很好地表现对象的主要部分、特征、局部之间的对比、物体细部和质感以及做较具体的刻画。近景可以使观众看到从未看到、注意到的状态和形象，通常给人以一种鲜明、强烈的深刻印象和感染力。近景既可以获得陌生感，也可以获得亲近感，最终能够获得哪种感受则需要和具体的拍摄内容相联系。

图5-1-15　近景强调的是主要事物的细节，因此这幅作品希望我们能够解读到的必要信息是草帽、青年、胸前徽章的文字信息和国旗，环境解读此时变得极少　戴安·阿勃斯/摄

图5-1-16　近景可以给读者带来突出、鲜明的印象和感染力，画面内的人物甚至有种即将走出画面的感受　孙涛/摄

5.1.5 特写

　　特写指处于离物体很近的距离或使用长焦距镜头拍摄的画面（图5-1-17、图5-1-18）。特写不能看到事物的全貌，较近景画面范围更小，通常以表现人物肩部以上状态的画面为特写镜头。特写主要表现物体的重要局部特征，对环境背景的再现极其简略。特写中景物的展现比较单一，所以在画面构成及表现主题方面都是十分精到的，往往需要精致的照明、布局、影调及色彩构成的处理。可以说，这是个以小见大、窥斑见豹、细微中见精神的景别。有时又可以分为特写和大特写，特写镜头由于过于接近被摄主体，可以看到平时不常见的视觉感受，因此具有一定的陌生感。

图5-1-17　如果不使用特写的景别关系，这个波多黎各女郎脸上的痣和妆容是无法被有效传递的　戴安·阿勃斯/摄

图5-1-18　村庄里每当孩子过百日，就会收到村民的礼金，家里人将这些钱绑在孩子身上来压岁。特写镜头能够将这些细节和关系充分地呈现出来　孙涛/摄

　　拍摄距离的改变和不同镜头焦距的选择都可以改变画面左右、上下、前后范围的物体关系。但是需要注意的是，这两种方法在改变画面范围的同时画面内的前后透视和结构关系是不同的（图5-1-19）。对于景别的选择应该根据主题的要求、拍摄者的意图及造型的需要来确定。

图5-1-19　拍摄距离与镜头焦距可以形成相似的景别，主体在画面的比例基本不变，但在画面的结构中，拍摄距离与镜头焦距所形成的前景与背景结构却完全不同

5.2 摄影机方位、角度

　　摄影机方位、角度是指摄影机和被摄对象之间的位置关系，分为水平和垂直两个方面。拍摄方向是在水平方向上的变化；拍摄高度是在垂直方向上的变化。

　　拍摄方向是以被摄对象为中心，在同一水平面上围绕被摄对象四周所选择的取景角度（图5-2-1）。根据拍摄方向的不同，可以分为正面拍摄（图5-2-2）、背面拍摄（图5-2-3）、正侧面拍摄（图5-2-4）和斜侧面拍摄（图5-2-5、图5-2-6）。从不同角度拍摄的画面具有相应的画面特征。在拍摄距离和拍摄高度不变的条件下，不同的拍摄方向可以展现被摄对象不同侧面的典型形象以及主体与陪体、主体与环境的不同组织关系的变化，并带有一定的情感。对于不同拍摄方向的选择，应该以主题的要求为前提、以主体的典型特征为标准。

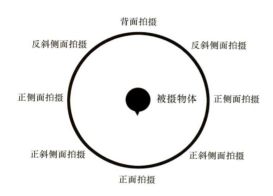

图5-2-1　拍摄方向示意图

图5-2-2　正面拍摄示意图

图5-2-3　背面拍摄示意图

图5-2-4　正侧面拍摄示意图

图5-2-5　正斜侧面拍摄示意图

图5-2-6　反斜侧面拍摄示意图

　　拍摄高度指从纵向上选择不同的拍摄角度（图5-2-7）。拍摄高度一般以拍摄者站在地面上的平视角度为依据，因为这是人们习惯的观看角度。拍摄高度主要分为：平摄角度（图5-2-8）、仰摄角度（图5-2-9）和俯摄角度（图5-2-10）。在拍摄距离、拍摄方向不变的条件下，不同拍摄高度的选择实际上是在选择不同的主体、陪体和背景的映衬关系。同时，画面的透视和水平线的位置也存在一定程度上的变化。另外，不同的拍摄高度所带来的画面情绪也是不同的，这代表了一定程度上拍摄者对主题和主体的观点与态度。

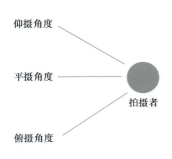

图5-2-7　拍摄高度示意图

图5-2-8　平摄角度示意图

图5-2-9　仰摄角度示意图

图5-2-10　俯摄角度示意图

图5-2-11　正面拍摄常常会表现出事物对称的一面，这张人物摄影中正面的角度使读者看到了一个严肃并且有些木讷的爱因斯坦形象　菲利浦·哈尔斯曼/摄

5.2.1　正面拍摄

正面拍摄是指从被摄体正面的角度进行拍摄。这一角度适合拍摄被摄体正面具有典型性的物体。例如，像天安门这样的物体，左右对称很有个性特征，比较适合于从正面角度进行拍摄。采用正面角度进行拍摄的画面往往比较对称（图5-2-11），因为很多事物都具有一定程度的对称性或均衡性，所以画面感受很稳定、庄重、严肃。但是，一定要注意与物体的特征和画面需要的气氛相配合，否则会带来呆板、平面化的感觉。一般来讲，如果从正面拍摄，我们会采用各种适合、可行的方法和手段来解决画面呆板的问题（图5-2-12、图5-2-13）。

图5-2-12　正面拍摄容易使事物缺少变化，为了打破这种呆板的感受，正面拍摄可以调整构图让画面产生丰富的变化。这张人物摄影利用钢琴的一个部分来形成抽象的音符，与人物形成了大小对比　阿诺德·纽曼/摄

图5-2-13 夹板光让画面里的军火商带有恐怖感，有时光线的运用也可以
打破正面拍摄带来的对称感，让画面不至于落入平淡　阿诺德·纽曼/摄

5.2.2 背面拍摄

背面拍摄是指从被摄体正背面的角度进行拍摄。如果事物的正背面具有典型性（图5-2-14），
那么比较适合这个角度。背面的角度也可以忽略人物的面部特征，将注意力转向主体的宏观信息（图
5-2-15）。如图5-2-16所示，这一角度忽略了个体特性，将信息定向为某一类人物或事物。

图5-2-14　不是所有的事物或人物的正面都是有用的，画面里要强调的是这些人戴着高帽子，是显赫身份的
象征。这里不适合表现他们是谁，所以背面拍摄可以让读者忽略这些人的面部信息，更多地看到闪光灯带来的
高帽子所形成的画面结构。读者的解读就自然而然地从这些突出的高帽子开始了　维加/摄

图5-2-15　这张作品读者无须知道这两个孩子是谁家的，知道他们分别是男孩、女孩就足够了，可以被解读为是走向伊甸园的人类。这张作品可能是尤金希望在战争中人们可以或多或少地得到一些美好的慰藉　尤金·史密斯/摄

图5-2-16　背面拍摄有时可以较好地交代事物与事物、人物与人物之间的关系。这张作品希望读者了解的是台上唱戏的演员与台下看戏的人之间的关系，台上演员在卖力地演唱，而台下则十分零落，交代了在村庄里文化生活的状况　孙涛/摄

5.2.3 正侧面拍摄

　　正侧面拍摄是指从与被摄体的正面成90°左右的角度进行拍摄。这一角度可以增加事物的立体感，动感也随之加强，相对于正面角度有较大的灵活性。这一角度拍摄的被摄体形象具有陌生感，因为一般情况下人们不会从这个观看角度观察事物（图5-2-17）。所以，当被摄体的侧面具有典型性特征时，这是一个不错的角度（图5-2-18、图5-2-19）。

图5-2-17　正侧面让读者常常有一种陌生感，或许用侧面来表现人物正是希望体现这位不拘一格的作曲家的内在性格　阿诺德·纽曼/摄

图5-2-18　正侧面拍摄让这个人在旅途中酣睡的面部特征十分凸显，对于张开的嘴的表现让读者深深感受到这个人极深的睡眠状态。在现实空间中，正侧面的拍摄似乎是最为准确的一个角度　布拉塞/摄

图5-2-19　正面而来的富人穿着浅色的、华丽的貂皮大衣，而以侧面示人的贫穷老妇人则显得
十分"卑微"。这张作品集中地比较了正面拍摄和侧面拍摄所带来的语言上的差别　维加/摄

5.2.4 斜侧面拍摄

斜侧面拍摄分为两种情况，其一是正斜侧面拍摄，其二是反斜侧面拍摄。

正斜侧面拍摄是指从与被摄体的正面成45°左右的角度上进行拍摄。这一角度拍摄的画面具有丰富、变化的感受，被摄物体的形象描绘相对生动（图5-2-20、图5-2-21）。有些物体的立体感会较强。

图5-2-20　画面里的人物是女画家欧姬芙，正斜侧面拍摄给欧姬芙的面庞带来变化，使
她清晰、硬朗的面部线条变得更为生动　阿尔弗莱德·斯蒂格利兹/摄

图5-2-21 与上图相比较,两张画面的主体人物都是欧姬芙,但这张正面拍摄的作品更多地给人物以严肃和端庄的感受 阿尔弗莱德·斯蒂格利兹/摄

反斜侧面拍摄是指从与被摄体的正面成135°左右的角度进行拍摄。从这个角度进行拍摄时,常常不会看到事物的正面,或者是可以看到较小面积的正面。所以,这种拍摄角度表现更多的是事物的整体印象,可以忽略人物面部特征,将注意力转向主体物的全部,强调主体与环境之间的关系(图5-2-22)。另外,这一角度可以展现后侧面具有典型性特征的形象。这一角度也是具有陌生感的,有种意外的视觉感。

图5-2-22 在画面里,被"摧毁"的城市与被"摧残"的人之间形成了命运上的呼应。至于这里的人物是谁并不重要,"残缺"才是画面要说的重点 塞巴斯蒂安·萨尔加多/摄

图5-2-23 平摄角度让我们感觉这个吹笛少年就在身边经过，提示了"贫穷"的真实性，这些贫穷的人"正在"我们的身边 沃纳·比肖夫/摄

5.2.5 平摄角度

平摄角度是指当拍摄者拿起相机准备拍摄时相机的视轴与视平线基本持平时的高度。平摄角度拍摄的画面具有比较正常的透视效果，是人站立时眼睛所习见的状态。所以，平摄角度有一种亲切、自然、随和的视觉感受（图5-2-23），往往使解读者有走进画面的期望。

平视画面中景物的地平线常常处在画面的中间，这是处理平视画面比较重要的方面。在地平线不明显的景物中，画面比较理想。但是，如果画面中出现清晰的地平线，画面会因为地平线居中显得上下过于平均而呆板。因此，在处理这类画面时常常会采用一些点或垂直的线条穿插在地平线上（图5-2-24），以破坏地平线所产生的刻板、冗长的感受。或者采用打破平衡、偏离中心类的构图方式，比如倾斜地平线来产生动感（图5-2-25）；使用下沉式构图，将大量主

图5-2-24 使用线条或点来打散居中的地平线，让地平线由通直的完整线条散落为若干短线条，使其"直线"的特征变得不那么明显，以此来打消呆板的效果 杰格里·帕普/摄

要的物体放在偏离画面轴心的位置上，或偏上下，或偏左右等，这样也可以产生一定的动感（图5-2-26）。尽量使地平线远离中心，这样可以产生相对愉悦的视觉感受。然而，呆板也是一种情绪的表达，从舒展到对称所带来的严肃感甚至是呆板都是画面语言表述的手段。

图5-2-25　适当倾斜居中的地平线，使画面产生动感来消除呆板的感觉　莎莉·曼恩/摄

图5-2-26　这张照片除了采用倾斜地平线的方式让画面产生动势之外，更重要的是使用了下沉式构图增强地平线分割后的上下心理落差来消除呆板的感觉　杰格里·帕普/摄

5.2.6　仰摄角度

　　仰摄角度是指照相机的视轴偏向视平线上方的拍摄角度。摄影位置比被摄体的位置低。这样的角度拍摄的画面，地平线较低，甚至可以处于画面之外。地面上的近处景物会高耸在前，十分醒目和突出；后景则由于前景的遮挡和镜头透视的压缩得不到表现。所以，这是一种获得简洁背景效果

的方法（图5-2-27），也是突出处于前景的主体很好的表现手段（图5-2-28）。仰摄角度拍摄时，由于视轴的倾斜，画面会产生透视变形，但是这种变形也可以用于增加视觉冲击力。由于在人们的观念中仰视是一种敬仰的观看方式，所以，仰摄角度拍摄的画面本身会带来一种尊敬、崇拜之感（图5-2-29）。

图5-2-27　当拍摄者仰起相机时，被摄对象的背景往往是天空，这可以使复杂的拍摄
对象变得简洁化　塞巴斯蒂安·萨尔加多/摄

图5-2-28　仰摄角度可以使前景十分突出，同时简化背景
保罗·斯特兰德/摄

图5-2-29　仰摄角度在镜头语言上带有尊重、崇敬的感受，比肖夫对于难民的
态度从他的拍摄角度上就可见一斑　沃纳·比肖夫/摄

5.2.7　俯摄角度

　　俯摄角度是指照相机的视轴偏向视平线下方的拍摄角度。这样的角度所拍摄的画面中，地平线较高甚至处于画面之外，远处景物的位置也相应较高，近处景物的位置较低（图5-2-30）。画面可以同时表现出地表上处于不同空间位置上的景物关系（图5-2-31），如果结合横画幅则会产生极强的开阔感（图5-2-32），因此这是一种适于表现宽广感受并同时可以呈现物体空间位置上数量和大气氛的画面形式（图5-2-33）。如果希望表现较小且具体的单一事物时，则会有明显的透视变化，尤其是人像作品。俯摄角度往往会使画面产生一种距离感和看不起或睥睨的镜头感。

图5-2-30　俯摄角度完成的画面中，近处的事物较低，这里比较适合表现主要的事物　亨利·卡蒂埃·布勒松/摄

图5-2-31　与仰摄角度相反的是，俯摄角度让地面上的事物阶梯式地得到展现，可以极大地增加画面的纵深感　亨利·卡蒂埃·布勒松/摄

图5-2-32　俯摄角度适合表现开阔的地平线、海平面。配合横向构图，地平线或海平面可以得到最大幅度地拓展，空间感极强　塞巴斯蒂安·萨尔加多/摄

图5-2-33　适合表现地面上处于不同空间的事物的数量和位置关系　塞巴斯蒂安·萨尔加多/摄

第6章 图片摄影的用光

6.1 光的基础知识

离开光线，人们无法看到任何景物，照相机也无法记录到任何影像，所以离开光线也就没有摄影了。对光线的处理能力是照相机最为主要的参数。对光线的控制能力是摄影师需要掌握的最基本的技术。对于基本光学知识的理解，可以帮助摄影师有效地提高摄影技能。

6.1.1 光的性质

光作为一种可见的电磁波，是电能和磁能以波的形式在空间中传播的一种现象。在诸多种类的电磁波中，光是为数不多的人眼可以看见的一部分。在光的传播过程中，光在同一介质中沿直线传播，遇到障碍或是进入另一种介质时会发生反射、折射、色散干涉、衍射等现象。

（1）光谱

光谱是白光中所包含不同颜色的光线，按照波长排列，形成了光谱（图6-1-1）。光谱中各种颜色的变化是连续的，没有明显的分界线。波长的单位是微米。人的眼睛就是靠外界物体发出或反射出的这些光来感知景物的。

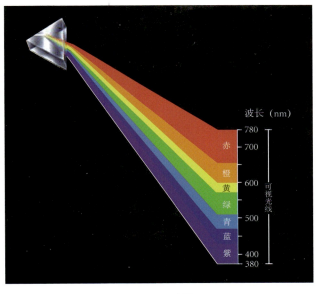

图6-1-1 光谱

可见光——波长700nm红色光到波长400nm蓝紫色光，在这个范围内的光辐射能引起人们的视觉，俗称可见光。这条色测光带，就是可见光谱。

不可见光——波长在400～700nm以外的都是人的眼睛所看不到的色光，叫作不可见光。这些色光在摄影中也有一定的作用和影响。

（2）光学的几个基本定律

光沿直线传播：光线在同一个均匀的媒介中沿直线传播。

诸光束独立定律：空间中的每条光线都是独立传播的。不同光线相交时，每束光线的传播方向不发生影响。

光的反射定律：光在传播过程中，若遇到其他介质的表面，会被该表面反射。

光的折射定律：当光线从一种介质进入另一种介质时，光线在通过介质边界时将改变传播的方向。

光的可逆性：当光线逆着原来的反射光线的方向射到介质表面时，必会逆着原来的入射方向反射回去。

6.1.2 光的类型

在摄影中经常用到的光的类型有自然光和人工光两个大类。

（1）自然光

自然光通常指的是自然界所发出的光线。例如，日光、天空光、月光、星光等天然光源为照明的光线。

自然光在摄影中的造型运用如下。

① 在摄影中，自然光由于投射方向都十分明确，通常只产生一个光影，所以造型的效果是统一的，极少出现光影悖逆的现象。又因为自然光照明通常符合人的视觉习惯，所以在摄影造型中通常显现出一种其他光线所无法代替的真实感。

② 由于太阳的强大能量，太阳光以其照度大、照射范围广、景物结像清晰等优点成了一种不可替代的摄影照明光线。

③ 在摄影中，自然光的照明效果并不以人的意志为转移，它随着季节、早晚等时间变化有着自然变化的规律。照明强度、照明方向和色温都会随时改变，需要摄影者有足够的经验来应对这种改变。

（2）人工光

人工光是摄影中经常用到的光源，指的是人为光源所发出来的光线。

人工光具有使用方便、灵活等特点，人工光的照明强度、照明方向、照明距离和光线的色温都可以由摄影者按照所拍摄工作的不同要求进行调节。能用于摄影的人工光源有很多，如荧光灯、白炽灯、聚光灯、电子闪光灯、慢闪射灯、照相强光灯、石英碘钨灯、火光、烛光等。

人工光在摄影中的造型运用如下。

①　人工光最大的优点就是可以按照摄影者自己的创作意愿进行随意的处理，来决定照明强度、照明方向和光线的色温等。

②　人工光源的照明强度和照明范围，随着灯具种类和灯具功率的不同而有明显的差异。摄影者可以通过调整方向、远近等方法来控制光的强度和照明范围以及方向。

③　由于人工光源的照明强度、方向和范围需要人为确定，所以也给摄影者提出了一系列的技术要求。

在诸多的人工光源中，摄影中运用最多的就是电子闪光灯。电子闪光灯的色温与日光一样，所以可以匹配日光型的胶片。电子闪光灯的照明强度非常强，可以满足不同摄影者对于细节和质感的要求。由于闪光时间极短，可以拍摄到被摄物体运动时的清晰景象。

6.1.3　光与色彩

摄影是光的艺术，色彩是光线下的产物，有了光线我们才能看见物体的颜色。物体的颜色就是不同波长的光线所产生的视觉感受。

不同的物体对于可见光的吸收情况是不同的，会使人产生不同的颜色视觉。有些物体对于可见光中各种波长的光线可以等比吸收，也就是对所有波长的光线的吸收率和反射率都相等，具有非选择性吸收的特性，形成了一种消色的视觉感受，这样的物体称为消色物体，也就是我们经常说的黑白灰的物体。

而有一些物体由于对可见光的吸收状况不同，会使人产生彩色的视觉效果。这些物体对于可见光中各波长的光线并非等比吸收，也就是对于不同颜色色光的吸收率与反射率都不相同。对于一些波长的光线吸收率大，反射率或透射率小；而对于另一些波长的光线吸收率小，反射率大。物体的这种特性称为选择性吸收，这类物体也就是我们常说的彩色物体。

（1）色的三个基本特性

色别：称色相和色调，是色的最基本特征，决定着色的本质，与光谱成分密切相关。

明度：颜色在视觉上的明亮程度，通常所说的色的明暗、深浅的差别就是明度的不同。明度可以用该色的反光率表示：反光率大，明度大；反光率小，明度小。

饱和度：颜色的饱和度不同表现在色觉上的差别就是色的鲜艳程度不同。饱和度大，色就鲜艳；饱和度小，色就不鲜艳。

（2）光的三原色和三补色

①　原色光。

光的三原色为红、绿、蓝。等量的红色光、绿色光、蓝色光相加便产生白光。这三种色光按不同比例混合可产生其他所有色光（图6-1-2）。

②　补色光。

任何两种色光相加产生白光，这两种色光就互称为补色光。如红青互补、绿品互补、蓝黄互补（图6-1-3）。

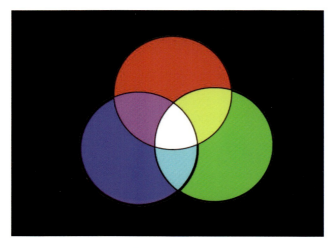

图6-1-2 光的三原色

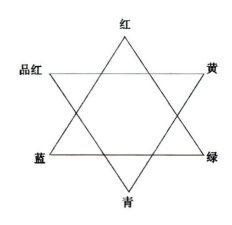

图6-1-3 六星图

6.2 拍摄用光的基本因素

6.2.1 光位

　　光位是指光源所处的位置，分为正面光、前侧光、侧光、侧逆光、逆光、顶光和脚光。

　　根据光源在视觉表现功能中的不同，可以分为主光、副光、背景光、轮廓光和装饰光等。

　　正面光（图6-2-1）：又称顺光，照明方向与相机的拍摄方向一致，这种光线照明均匀、阴影少，被摄者的立体感和轮廓很难被表现出来，画面比较平淡。

　　前侧光（图6-2-2）：照明方向位于被摄者的左右两侧，与相机的主光轴构成45°左右的角度。这种光线较容易表现被摄者的立体感和质感。拍摄人物照片时常用高位前侧光，拍摄时在人脸的阴影部形成一个倒三角光区，又称三角光，这种光线能真实地表达人物的脸部特征。前侧光照明时人物面部的3/4处在亮部，所以它常与高调人像相配合。

图6-2-1 顺光效果

图6-2-2 前侧光效果

侧光（图6-2-3）：照明方向位于被摄者的左右两侧，与相机的主光轴形成90°的角度。侧光照明时被摄者的受光面与阴影面的面积几乎相等，明暗光比较大，利于表现被摄者的线条和轮廓特征，常用于表现男性硬朗的面部线条。拍摄时要注意对暗部进行补光。

侧逆光（图6-2-4）：照明方向位于被摄者左右两侧的后方，与相机的主光轴形成135°左右的角度。侧逆光照明时被摄者只有左后侧或右后侧照明，阴影部位面积较大，明暗反差也比较大，能充分表现出被摄者的立体感和质感，并勾勒出被摄者的轮廓。选择这种光线时应注意对阴影部分进行补光，使暗部的层次和质感得到应有的表现。侧逆光一般与低调人物照片相配合。

图6-2-3　侧光效果

图6-2-4　侧逆光效果

逆光（图6-2-5）：照明方向正对着相机，在这种光线照明下被摄者面对相机的一面全部位于阴影之中，应注意对暗部进行补光。

顶光（图6-2-6）：照明方向从被摄者的头顶垂直向下照明。这种光线拍摄人物照片时应注意改变拍摄角度，让被摄者仰头或低头，或利用反光板、闪光灯等进行补光来改善被摄者脸部的明暗反差。

图6-2-5　逆光效果

图6-2-6　顶光效果

脚光（图6-2-7）：照明方向从被摄者的脚下向上照射。在人物摄影中多作为辅助光用于消除人物鼻子或下巴底下的阴影，或用于背景光的造型。

图6-2-7　脚光效果

6.2.2 光质

光质指的是光线的软硬性质，可分为硬质光和软质光。

（1）硬质光

硬质光是指较为强烈的直射光，如晴天里的阳光，人工光中的聚光灯、闪光灯的灯光等。景物在硬质光的照射下其受光面、背光面、明暗交界线和投影都表现得非常明显，光比强、反差大，对比效果比较鲜明，景物立体感强。对于受光面的细节及质感有非常好的表现，艺术表现力极强（图6-2-8）。

自然光中的直射光一般是太阳光。太阳光因早晚的时刻不同其照明强度和照明角度都有很大的不同，对人物摄影的创作有很大影响。一般情况下将全天直射太阳光分为三个阶段：早晚太阳光、上下午太阳光和中午太阳光。

早晚太阳光：指清晨太阳刚刚升起和傍晚太阳即将西沉时所呈现的光线。此时阳光与地面形成的角度较小，空气的透视效果较强，景物的垂直面被照亮，立体感较强，层次丰富，并留下较长的投影，光线的色温较低，色彩比较饱和。这种光比较适合拍摄逆光的人物照片，但要注意曝光的控制。

上下午太阳光：指上午8~11点和下午2~5点之间的太阳光。此时太阳光的照射角度增大，光线斜射，光照强度比较稳定，而且光比也比较柔和。这时拍照能够较好地表现被摄人物的轮廓、体态和质感，很适合拍摄人物作品（图6-2-9）。

图6-2-8　硬质光　爱德华·韦斯顿/摄

图6-2-9　上下午太阳光　爱德华·韦斯顿/摄

　　中午太阳光：指上午11点到下午2点的太阳光。此时光线从上向下几乎垂直照射，照明强度强，光比较大，投影较小。这时拍摄人物照片，人物的大部分都处于阴影中，不容易表现被摄者的立体感和轮廓，且容易丑化被摄者。这种光在拍摄时应注意对人物阴影部位的补光（图6-2-10）。

　　（2）软质光

　　所谓软质光，是一种漫散射性质的照明光线，包括散射光和反射光，比如阴天、雾天里的阳光，泛光灯光源的灯光等。软质光没有明确的方向性，在被照物体上不留明显的阴影。景物在软质光的照射下，其受光面、背光面、明暗交界线和投影都表现得不明显，光比小，反差小，光线柔和，形成的景物立体感不强，质感也比较弱。这种光用于摄影照明，气氛恬淡，效果统一。

　　散射光主要是指太阳被云雾遮盖或在大气层中多次反射所形成的光线。其光线失去了直射光的强度和方向性，光比较小，立体感和质感表现较弱，适合人物作品的拍摄。在这种光线下表现人物真实、柔和，通常容易美化被摄者（图6-2-11）。

图6-2-10　中午太阳光　爱德华·韦斯顿/摄

图6-2-11　散射光　爱德华·韦斯顿/摄

反射光是指太阳光通过浅色物体反射在被摄体上的光线。这种光线在人物摄影中通常用于对被摄者暗部的补光。这样的补光对于缩小照明光比、表现暗部层次和平衡画面影调都非常有用。

6.2.3 光度

光度学中与光相关的常用量有4个：光通量、发光强度、光照度和光亮度。

（1）光通量

在光度学中，光通量指人眼所能感觉到的辐射功率，它等于单位时间内某一波段的辐射能量和该波段的相对视见率的乘积。由于人眼对不同波长光的相对视见率不同，所以不同波长光的辐射功率相等时，其光通量并不相等。

光通量的单位为"流明"，光通量通常用Φ表示。

（2）发光强度

发光强度简称光强，国际单位是坎德拉（candela，简写为cd），是光度学中的基本单位。1979年第十六届国际大会通过的坎德拉的定义为：坎德拉是发出频率为540×10^{12}赫兹的单色辐射源在给定方向上的发光强度，该方向上的辐射强度为1/683瓦/球面度。

测量方法：使用光度计测得光强后，就很容易求算得曝光量，因为在光强不随时间变化的情况下，曝光量等于光强和曝光时间的乘积（曝光量 = 光强×曝光时间）。

（3）光照度

光照度，单位受照面积上接收到的光通量，即通常所说的勒克斯度（lux），表示被摄主体表面单位面积上受到的光通量。光照度可用照度计直接测量。光照度的单位是勒克斯，是英文"lux"的音译，也可写为"lx"。

被光均匀照射的物体，在1平方米面积上得到的光通量是1流明时，它的照度是1勒克斯。1勒克斯相当于1流明/平方米，即被摄主体每平方米的面积上受距离1米、发光强度为1烛光的光源垂直照射的光通量。光照度是衡量拍摄环境的一个重要指标。

（4）光亮度

光亮度（luminance），又称发光率，是指一个表面的明亮程度，以L表示，即从一个表面反射出来的光通量，或者说，它表示单位面积上的发光强度。不同物体对光有不同的反射系数或吸收系数。

最常用的照度单位是呎烛光（footcandle）。1呎烛光是在距离标准烛光1英尺远的1平方英尺平面上接受的光通量。如果按公制单位，则以米为标准，照度就用米烛光（metrecandle）来表示，即1米烛光是距离标准烛光1米远的1平方米面积上的照度。

1米烛光 = 0.0929呎烛光。

亮度和照度之间的关系为：L = R×E。式中，L为亮度，R为反射系数，E为照度。

因此，当我们知道一个物体表面的反射系数及其表面的照度时，便可推算出它的亮度。

6.2.4 光型

在日常拍摄中，根据照相机、被摄物体和光源所处的不同方向，可以分为五种基本类型的光线：正面光光型、前侧光光型、侧光光型、侧逆光光型和逆光光型。

（1）正面光光型

正面光的相机和光源都面对被摄体，被摄体完全没有阴影，被摄体的正面部分完全正对着光线（图6-2-12），被摄体的亮面也完全对着相机。正面光照射下的被摄体，光比小，立体感较弱，影调柔和，展现出一种平光的效果，因此正面光通常也被称为平光。正面光经常用于高调人像摄影。除了平位的正面光，还有低位和高位的正面光。低位的正面光就像清晨或傍晚的阳光，而高位的正面光就像是正午的太阳光，每种位置会产生出不同的用光效果。使用高位正面光拍摄时，我们会发现，在人物的眼窝、鼻子、下巴的下方都有大面积的很深的投影；而使用低位的正面光，可将这些高位正面光所留下阴影的部分表现出来。

图6-2-12　正面光光型　马圆/摄

（2）前侧光光型

前侧光，又称为45°侧光，照明方向位于被摄者的左右两侧，与相机的主光轴构成45°左右的角度（图6-2-13）。这种光线较容易表现被摄者的立体感和质感。拍摄人物照片时常用高位前侧光，拍摄时在人脸的阴影部形成一个倒三角光区，又称三角光。这种光线能真实地表达人物的脸部特征。由于前侧光照明时人物面部的3/4处在亮部，所以常与高调人像相配合。这种光出现在上午九十点钟和下午三四点钟，通常被认为是人像摄影的最佳光线类型，拍出的人像照片也被公认为最像被摄者本人。这种光线能产生良好的影调，比例均衡，立体感强，能够很好地表现人体结构，是人像摄影中最为常用的光线。

（3）侧光光型

侧光，又称为90°侧光。照明方向位于被摄者的左右两侧，与相机主光轴形成90°左右的角度。侧光照明时被摄者的受光面与阴影面的面积几乎相等，明暗光比较大，利于表现被摄者的线条和轮廓特征，拍摄时要注意对暗部进行补光。在这种光线下，被摄者一半显示在强烈的光线中，另一半隐藏在黑暗之中，每个细节都得以突出表现，超强的艺术表现力使画面具有极强的戏剧效果，因此这种光线也常被称为"结构光线"（图6-2-14）。

图6-2-13　前侧光光型　江若南/摄

图6-2-14　侧光光型　陈子梦/摄

图6-2-15　侧逆光光型　郝依娜/摄

（4）侧逆光光型

　　侧逆光，又称为135°侧光，照明方向位于被摄者左右两侧的后方，与相机主光轴形成135°左右的角度（图6-2-15）。侧逆光照明时被摄者只有左后侧或右后侧照明，阴影部位面积较大，明暗反差也比较大，能充分表现出被摄者的立体感和质感，并勾勒出被摄者的轮廓。选择这种光线时应注意对阴影部分进行补光，使暗部的层次和质感得到应有的表现。侧逆光一般与低调人物照片相配合。

（5）逆光光型

照明方向正对着相机，在这种光线照明下被摄者面对相机的一面全部位于阴影之中，应注意对暗部进行补光。在这种光线下拍摄有时会得到一个极具艺术效果的剪影（图6-2-16）。适当补光之后，暗部的细节也可以有很好的表现，此时来自被摄者身后的光线会制造出一种边缘发光的奇特艺术效果。这种光线又被称为"轮廓光"。

图6-2-16　逆光光型　邵明钰/摄

6.2.5　光比

光比是被摄体的高光部位和阴影部位的曝光值的比，也就是EV值的比，是摄影的重要参数之一。读数之比越大，光比就越大；读数之比越小，光比就越小。光比大的画面明暗反差大，光比小的画面明暗反差小；光比大的影调硬朗，光比小的则柔和平缓。不同的光比可以满足不同画面的要求。

（1）光比的测量

测量光比使用入射式测光表或反射式测光表，分别测量景物的亮部曝光值和暗部曝光值，比较得出的光圈值，然后计算出光比。测量出的EV值差1，则光比为1∶2；EV值差2，则光比为1∶4；EV值差3，则光比为1∶6。如果亮部测光表的读数为f16，暗部的读数为f8，则光比为1∶2；亮面测光读数为f11，暗部读数为f5.6，则光比为1∶4。超过一级光圈，不足两级光圈的一般定义为1∶3。

（2）光比控制

无论是在风光摄影还是影棚摄影中，都可以对光比进行人为控制，以完善所需的画面影调。

影棚摄影中减小光比的方法有：

① 使用柔光灯箱，加大照明面积。

② 使用较弱的主光照明。

③ 增加辅助光或反光板，对暗部进行照明。

④ 移动主灯，增加它与主体的距离。

自然光摄影中减小光比的方法有：

① 在散射光的阴天进行拍摄。

② 在直射光拍摄时使用反光板对暗部进行补光。

③ 光比过强时使用闪光灯进行补光。

（3）光比效果

① 1∶1的光比效果。主灯、辅助灯距主体的距离相同且照度相同，照明效果平淡，无立体感（图6-2-17）。

② 2∶1的光比效果。亮部的曝光值是暗部曝光值的1倍，照明效果真实自然，光比柔和，适合拍摄人像照片（图6-2-18）。

 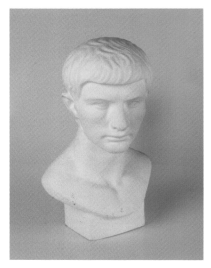

图6-2-17　1∶1的光比效果　　　　　　　　　　图6-2-18　2∶1的光比效果

③ 4∶1的光比效果。亮部的曝光值是暗部曝光值的2倍。照明效果令人满意，立体感强，可达到很好的造型目的。3∶1（图6-2-19）和4∶1（图6-2-20）的光比是专业摄影师拍摄人像、静物、广告时最常用的。

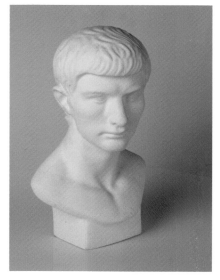 

图6-2-19　3∶1的光比效果　　　　　　　　　　图6-2-20　4∶1的光比效果

④ 16：1的光比效果。亮部的曝光值是暗部曝光值的3倍，明暗对比和立体感极强，辅助光对画面几乎起不了作用，这种布光会产生强烈的戏剧性效果。

6.2.6 光色

色温是照明光学中用于定义光源颜色的一个物理量，就是把某个黑体加热到一个温度，其发射的光的颜色与某个光源所发射的光的颜色相同时，这个黑体加热的温度称之为该光源的颜色温度，简称色温。其单位用"K"（开尔文）表示。

色温是表示光源光谱质量的重要指标。低色温光源的特征是能量分布中红辐射相对来说要多些，通常称为"暖光"（图6-2-21）；色温提高后，能量分布中蓝辐射的比例增加，通常称为"冷光"（图6-2-22）。随着光源温度的升高，光线的颜色会发生变化。光在低温状态下是红色的，随着光源温度不断升高，光线会变黄，当温度继续升高时，光线就会变成蓝色。在摄影中，光源色温的变化与温度并没有关系，色温的高低实际上只是表示光源中长波光线与短波光线的比率。色温高，短波比例大，则偏蓝色；色温低，则偏红色。一些常用光源的色温如下：标准烛光为1930K，钨丝灯为2760～2900K，荧光灯为6400K，闪光灯为3800K，中午阳光为5000K，电子闪光灯为6000K，蓝天为10000K。日光平衡色温为5400～5600K，灯光平衡色温为3200～3400K。

图6-2-21 暖光 威廉·埃格尔斯顿/摄

图6-2-22 冷光 威廉·埃格尔斯顿/摄

在摄影中光源色温必须与彩色感光材料的平衡色温保持一致，否则被摄体的原色彩就会在感光材料的还原下失真。为了获得真实准确的色彩还原，感光材料也分为日光型5400K和灯光型3200K。数码相机也设有适应不同色温的模式和调节白平衡的档位。凡是高于彩色片的平衡色温时，色彩还原为青蓝色调；凡是低于彩色片的平衡色温时，色彩还原为红橙色调。色温差为100～200K，色温表现较为正常。黑白胶片通常不受色温的影响，使用黑白胶片拍摄时不用考虑色温的问题。

自然光和人工光的色温如下。

① 自然光的色温。

日光（太阳光、天空光）：5500K。

阳光（中午及前后）：5400K。

日出、日落：2000～3000K。

日出后、日落前1小时：3000～4500K。

薄云遮日：7000～9000K。

阴天：6800～7500K。

晴朗的天空：10000K。

② 人工光的色温。

电子闪光灯：5400K。

火柴光：1700K。

蜡烛光：1850K。

家用白炽灯（100～250W）：2600～2900K。

6.3 照明

6.3.1 电光源

利用电能做功，产生可见光的光源叫作电光源。电光源的发明促进了电力装置的建设。电光源的转换效率高，电能供给稳定，控制和使用方便，安全可靠，并可方便地用仪表计数耗能。电光源一般可分为照明光源和辐射光源两大类。摄影中用到的是照明光源，照明光源是以照明为目的，辐射出主要为人眼视觉的可见光谱（波长为380～780nm）的电光源。摄影中常见的电光源有电子闪光灯和数码摄影灯。

6.3.2 照明灯具

近年来，电子闪光灯和数码摄影灯成为室内摄影的必备器材。电子闪光灯由于发光强度大、发光方向可控、色温匹配日光等优点，在很多摄影领域里一直受到专业摄影师们的喜爱。相对于电子闪光灯价格昂贵、操作复杂等特点，数码摄影灯更适合初学者和没有受过专业训练的爱好者使用。这种数码摄影灯发光恒定，易于操作，又匹配数码相机。在初学室内摄影或是小型商业摄影中都体现出很大的优势。

（1）摄影室闪光灯

摄影室闪光灯（图6-3-1、图6-3-2）是摄影室内使用的人造光源。它是高压大电流通过氙气灯管瞬间（1/800秒～1/2000秒的时间内）放电发出的强闪光，耗电很低而光强度非常高。

图6-3-1　摄影室闪光灯1

图6-3-2　摄影室闪光灯2

其主要参数有闪光能量、闪光指数、回电时间、色温和输出功率等。闪光能量表明摄影室闪光灯在充满电时所储存的电能。闪光指数应理解为闪光灯直射时所能发出的光强总和。闪光指数与闪光能量成正比，闪光能量大的灯，其闪光指数就高。回电时间是摄影室闪光灯的另一个重要参数，摄影室闪光灯的回电时间与闪光能量成正比，闪光能量越大，回电时间越长。使用220伏交流电时，几百瓦秒能量的摄影室闪光灯回电时间为2～4秒，1000瓦秒以上的摄影室闪光灯回电时间为3～8秒。色温也是摄影室闪光灯的一个重要参数。日光型彩色胶片色温为5500K。摄影室闪光灯的色温完全取决于灯管，充入灯管中氙气纯度和压力的高低都会影响色温。由于摄影室闪光灯的附件（如灯罩、反光伞、柔光箱等）也能使色温下降300～600K，所以闪光管色温高于5500K，约为5800K。一般专业影楼的闪光灯功率常见的为600～1200W，一些用于商业拍摄的灯具拥有几千瓦的输出功率，拍摄大型广告片的摄影灯则可以达到几万瓦。对于初学者和摄影爱好者来说，需要在功能和经济两者之间找到平衡点。

在商业摄影中摄影师们运用最多的是电子闪光灯，电子闪光灯与日光色温一致，所以能与日光胶片相匹配。其照明强度很强，足以满足摄影者对所有细节和质感的要求；其照明方向可控，摄影师可以随心所欲地摆布所需的光型与光比；其闪光时间极短，在1/800秒～1/2000秒的时间内闪光，可以让摄影者在被摄者运动时间之内抓取不同瞬间并得到清晰的画面。闪光灯的不足是只能在较暗的塑形光下判断实际的用光效果，而且很难准确地做出判断，需要照度计测量光比才能做出相对准确的判断。电子闪光灯价格昂贵，可操作难度大，并不适合摄影初学者和业余爱好者。

（2）外接式闪光灯

外接式闪光灯又称便携式闪光灯，工作原理和摄影室闪光灯相同（图6-3-3、图6-3-4），体积小巧，可以通过相机顶端的热靴与相机相连，通过快门触发闪光。外接式闪光灯可分为两种类型：一种是可用于不同厂商相机的通用型号；另一种是特定相机生产厂家匹配某级别相机所做的专用型闪光灯，其自动功能更加强大，适用于不同领域的摄影工作。

SPEEDLITE 600EX-RT　　SPEEDLITE 430EX II　　SPEEDLITE 320EX　　SPEEDLITE 270EX II　　SPEEDLITE 90EX

图6-3-3　外接式闪光灯1

图6-3-4　外接式闪光灯2

外接式闪光灯的主要参数如下。

① 有效照射角与变焦范围：在闪光灯照明范围之内，中心的发光强度比四周更高。

② 闪光指数：闪光灯发光能力的强弱，用闪光距离与曝光所需的光圈值的乘积表示。闪光指数是闪光灯最基本的参数。

③ 回复时间：指的是两次闪光的间隔时间，是指从触发闪光灯到下一次预备指示灯引燃所需要的时间。

④ 耗电量：用新电池每60秒闪光一次，至充电指示灯60秒仍未点燃为止，总的闪光次数表示闪光灯的耗电量。

⑤ 灯头活动范围：闪光灯头是否可以旋转、仰俯，最大转角是多少。

⑥ 触发电压：闪光触点闭合时引燃闪光灯的触发电压值。

外接式闪光灯控制曝光的方法主要有以下几种。

① 手动闪光：以测光表测出曝光度数，根据测光结果进行曝光。

② 外测光自动闪灯：闪光灯通过受光部的感光元件接收从物体上反射的光线，并送到运算部计算，当闪光曝光合适后立即通过控制部停止闪光。

③ 内测光自动闪光灯（TTL）：当反光板升起、快门开启后，设置在机身反光镜箱下部的闪光测光元件测量胶平面上反射的反光强度，当闪光曝光合适时，由机身发出信号停止闪光。

④ 内测光补光自动闪光（A—TTL）：又称填充式自动闪光、程序闪光或A-TTL自动闪光，相机根据自然光的亮度调节快门曝光时间、光圈数，或同时调节两者以保证背景的曝光，闪光灯根据所用的光圈控制闪光曝光量，保证主体的闪光曝光精度。

⑤ 预闪光补光内测光自动闪光（E—TTL）：又称填充式预闪光自动闪光、预闪光程序闪光或E-TTL自动闪光、ADI自动闪光，首先利用多分区测光测出环境与主体的光值，并根据环境亮度决定光圈与快门组合，然后在快门动作之前闪光灯发出轻微的预闪光，相机通过比较预闪光与自然光亮度分布差别，并根据阔区调焦测出主体的位置，排除特殊背景或前景对闪光的干扰，保证主体得到正确的TTL闪光曝光。

⑥ 闪光灯的曝光补偿与等级（包围）曝光：闪光曝光补偿，根据需要增加或减少TTL自动闪光的曝光量；闪光等级曝光又称闪光包围曝光，连续闪光3张，其TTL闪光曝光补偿分别为正常、过曝、欠曝，以便得到不同效果的闪光效果。

（3）数码摄影灯

数码摄影灯是早些年摄影室中一直使用的泛光灯和聚光灯的升级版（图6-3-5）。数码摄影灯开始使用大功率LED灯泡或是普通节能灯泡，可以使用柔光灯箱，更换不同用途的反光罩，经常用于静物摄影或是小型商品的拍摄。这种灯发光强度恒定，LED灯泡的亮度也比较高。多数数码相机也都有可以匹配的色温模式。数码摄影灯操作非常简单，很适合于初学者和摄影爱好者使用。相对于摄影室闪光灯，数码摄影灯在曝光时的发光强度是相差很多的，所以需要比较长的曝光时间，在拍摄时需要利用三脚架，不适用于人像摄影的拍摄，色温也不能匹配日光胶片。但由于价格低廉、可操作性强，数码摄影灯在静物摄影和小型商品的拍摄领域还是有着很广泛的应用。

图6-3-5　数码摄影灯

6.3.3 灯架装置

灯架装置（图6-3-6、图6-3-7）是摄影器材之一，为摄影照明的灯光提供稳固的支撑，因为灯源是要固定在灯架上面的，这可以保证灯照的平衡性，一般在进行室内摄影时是必不可少的。优质的专业灯架以最小体积提供最大载重量。灯架通常由轻便牢固的金属制成，重量轻，携带方便，旋钮易于调节，底座稳定性强，为照明灯光提供最大的保护。

摄影摄像基础

图6-3-6　灯架1

图6-3-7　灯架2

气垫系列灯架，拥有非常先进的技术和精美的外观，超耐用，防刮表面。活动自由的连接头令摄影师使用起来更简单、方便，坚固、美观、不反光。高质量的连接头、可移动和可反转的安装螺栓、气垫型的圆柱，确保闪光灯更加安全，定位更加准确。

图6-4-1　苏双一/摄

6.4 布光与影调

（1）布光在摄影中的作用

① 摄影中布光是创造被摄对象的外部形态、内部结构、空间感、质感的决定因素（图6-4-1）。光线是被摄体反映现实的条件。在光线的照射下表现三度空间，体现在平面上，产生透视上的明暗对比和透视变化。空间与视觉的透视，近亮远灰、近暖远寒、近纯远灰。顺光下立体感、空间感差；侧光、侧逆光下立体感、空间感强，有分量。物体间空间距离有丰富的变化。

② 布光帮助深化主题、传达感情和渲染气氛。摄影中的光是传达感情的灵魂因素，把主观感情注入客观事物之中，深化主题。用光影调塑造形式美感，强化典型，通过用光手段赋予被摄物以主观的情感因素。肖像中眼神光的效果直接影响作品的表现力，直接体现光源形状。同一物体用不同的用光方法会产生不同的感受，用光是传达客体与主观感情并使作品具有灵魂的决定因素。布光是渲染气氛的主要因素，气氛是客观存在的，根据不同追求灵

• 112

活运用光线的强弱、冷暖变化等来烘托主题，对强化色彩感，调节影调有很强的艺术作用。

（2）影调在摄影中的作用

影调其实是不同亮度不同色彩的景物通过摄影曝光和冲洗，在感光胶片上产生的黑、白、灰多级层次的调子（图6-4-2）。在摄影图片中，影调和线条是画面的两个基本构成因素。线条是骨架，影调是血肉，使画面更加丰满。不同的影调构成不同的画面基调，比如高调、低调、中间调，还有一些柔和的软调子和一些对比强烈的硬调子，分别表现出不同魅力的艺术色彩。一幅摄影作品的画面，除了确定主题内容和选择画面构图形式以外，影调的造型处理与作品的成败也有着密切的关系，它关系到画面表现景物的形态感、质感、立体感、空间纵深感和整体气氛，关系到画面的均衡和统一，还关系到摄影者的创作构想。因此，对于影调在画面上的造型作用和艺术表现力要有明确的认识，这样才能在拍摄中充分发挥出影调的艺术感染力。

图6-4-2　安塞尔·亚当斯/摄

6.4.1 布光程序

布光是指人工光对被摄体进行有秩序的、有创作意图的布置照明。布光要完成语言表达的任务。

（1）布光的要求

① 布光必须明确光线摆布的目的和要求。

② 布光使形象具有立体空间感，使人的视觉对它有真实的感受。

③ 布光时分清主次，首先要明确拍摄主体、重点，强化主题，强化视觉中心。

（2）布光的方法

① 计划好布光的方案，对画面进行全面计划。

② 明确布光的顺序。首先明确画面决定美学效果的光，即主光的强度方向，其次布辅助光，最后布背景光、轮廓光等。

③ 选择亮度依据。由于人工光多变、复杂，所以要有一个比较居中的物体作为亮度依据。在人像作品中常常以人的脸为依据。

④ 检验布光。首先，要全面地看光，观察光线造型是否整体、统一，是否已经达到所要表达的目的；其次，要修改方向悖逆破坏造型的用光；最后，认真测光，调整光比。

（3）布光的步骤

① 放置主灯。

主光：在人物摄影造型中起主导地位的光线，其照明强度最强，对被摄者的明暗反差、立体感和质感的表现起到最重要的作用（图6-4-3）。主光的照明强度决定了照片曝光量的多少，主光的照明方向决定了被摄者脸部形象和体态特征的塑造，因此在拍摄中应首先决定主光的照明方向及强度，再决定副光及其他光线的照明方向与照明强度。

② 添加辅助灯。

副光：又称辅助光或补光，主要用于被摄者阴影部位的照明，决定了胶片上阴影部位的密度（图6-4-4）。它的作用是提高被摄者暗部的亮度，缩小光比，改善画面明暗反差，提高整体照明水平。副光的照摄不应该露出明显的痕迹，它应该尽量柔和、无方向性。

图6-4-3　主光效果　　　　　　　　　　　　　　　图6-4-4　副光效果

③ 添加背景灯。

背景光：专门对背景进行照射的光线，它的作用在于控制被摄者与背景之间的明暗反差，强调或减弱被摄者的轮廓形态（图6-4-5），表现被摄者所处的环境特点或调整背景的明暗分布。另外，背景光能使被摄者从背景中分离出来，避免产生一种被摄者贴在背景上的感觉。拍摄时应注意背景光不应该打在被摄者头部以上或腰部以下的位置。

轮廓光：用来勾勒被摄者形态轮廓的光线，其位置通常在被摄者的后方或侧后方，逆光、侧逆光和顶光都可以用作轮廓光（图6-4-6）。人物摄影中轮廓光的光质应与主光相匹配，使人感到是由主光照射方向延续下去的光线，而不是过渡生硬。它的作用是表现人物头发的高光与细节和勾勒人物轮廓。

图6-4-5　背景光效果

图 6-4-6　轮廓光效果

全光效果如图6-4-7所示。

图6-4-7　全光效果

6.4.2 静态布光

　　静态布光与影视摄影中的动态光相比相对简单，易于操作。摄影中的布光需要得出一个最终的结果，也就是画面上的效果，为了这个最终的结果我们需要动用所有可以利用的技术和方法，让最终画面的结果看起来完美。以人像摄影为例，静态的人像拍摄有一个很好的优势就是我们可以选择适合被摄者的光线和角度遮蔽缺陷、突出优点，让被摄者看起来更加完美。

（1）选择适合的角度

在人像拍摄中，每个人或多或少地都希望以赞许的方式被刻画，但在现实中被摄者的身体结构、体态特征、五官轮廓都会有着不同的特征。有些特征可以称为优点，有些特征则是缺点。这些优缺点在动态活动中会暴露无遗。但在摄影中，我们可以为了得到那个完美的画面而去选择一个适合的角度，就像有些人适合侧面拍摄，有些人适合略微俯视的拍摄。角度的选择会让人直接隐藏缺点、突出优点（图6-4-8），从而达到我们想要的那种完美效果。

（2）选择适合的光线

拍摄中我们选择了适合被摄者的角度突出了优点，隐藏了缺点，但是还有些缺点是无法通过角度被隐藏掉的，有些优点是无法通过角度被突出刻画的（图6-4-9）。比如每个人的胖瘦体积是不同的，胖的人希望被拍得瘦一些，瘦的人希望被拍得胖一些。选择适合的布光方式会取得良好的效果。拍摄体型瘦小的人选择顺光或前侧光，将人的大部分体积放置在

图6-4-8　瑞茨/摄

亮面，这样人的体积会显得比较大，看起来比较丰满；拍摄体型偏胖的人则选择侧光或侧逆光，将人的大部分体积隐藏在暗部的阴影中，这样人的体积在视觉上就显得小（图6-4-10）。另外，硬质的光线会让人的五官更具立体感，完美的眼神光会让被摄者的眼睛看起来更加深邃。利用这些光的画笔我们可以更好地为被摄者"整形"，突出刻画优点，隐藏或减弱缺点，从而达到最终目标的瞬间完美。

图6-4-9　王秋实/摄

图6-4-10　陈海林/摄

6.4.3 影调的控制与处理

（1）应付阴影

无论是在室内还是在室外拍摄人物作品阴影的问题都是存在的，在直射光线的照射下会造成浓重的阴影落在被摄者的脸部及颈部。来自不同方向的光线会在被摄者身上留下不同的阴影，造成被摄者脸部的不同变形。

消除和减弱阴影，最简单的方法是让被摄者改变头部角度，或摄影者移动相机的拍摄方向以躲避阴影。但这种方法只对来自侧面的光线有效，对来自上方或是下方的光线并没有太多的改善。最有效的方法是利用反射光来减弱阴影，拍摄工作之前准备几块反光板或白卡纸（报纸或浅色物体也可以利用），利用反射光线来减弱阴影浓度、缩小光比，从而改善被摄者脸部的照明状况和因阴影造成的变形。还有一种方法就是利用闪光灯补光普遍提高被摄者脸部及颈部的照明水平以消除阴影，但要注意闪光灯补光时光线不能过强，避免出现主次不分、喧宾夺主的状况。

（2）利用阴影

在拍摄人物照片时，有时阴影对摄影者也是很有利的，因为阴影可以隐藏或削弱一些被摄者身上的缺点（图6-4-11），如皮肤上的皱纹、疤痕、斑点或是突起的赘肉。如果你不想突出这些特点，把它们隐藏在阴影中能够很好地削弱这些缺点。

图6-4-11　利用阴影　爱德华·韦斯顿/摄

6.4.4 影调的运用

选择适合被摄者的影调和光线在摄影作品创作中是非常重要的。不同影调和光线适合不同的被摄者。

（1）高调照片

高调照片有助于表现柔和的影像（图6-4-12）。高调照片给人一种洁净、细腻的视觉感受。相对于低调照片更有亲和力，更适合于女性和儿童的拍摄。活泼明亮的画面更有利于表现女性白皙的肌肤和轻盈的体态以及儿童天真活泼的神态。拍摄高调照片要求拍摄者在明亮的画面中勾勒细腻的影调，对曝光的要求很高。在影棚中拍摄高调时尚人物照片应该注意对暗部的补光和对背景的照明。

（2）低调照片

与高调照片的效果相反，低调照片是一种完全不同的画面基调。低调照片阴影浓重、反差强烈，画面效果悠远深沉，是拍摄男性和老人的理想用光方式（图6-4-13）。低调照片多使用侧光或侧逆光的布光方式，照片的很多面积处于暗部阴影之中，更易于表现景物的质感和立体感。画面富有戏剧效果，艺术感染力极强，更容易和观者产生共鸣。

图6-4-12　高调照片　曹浪/摄

图6-4-13　低调照片　高佳/摄

（3）中间调照片

相对于明亮洁净的高调照片和浓郁深沉的低调照片，中间调照片更加接近我们现实生活中的视觉经验（图6-4-14）。中间调照片影调柔和含蓄、反差适中，各个明度的调子在画面上的面积比例不会相差太大，可以选择不同的光型进行照明。中间调照片的特点是对于景物的还原更加真实自然，并不追求特意的艺术效果，但对于画面还原现场的效果却有着非常好的表现能力。

图6-4-14　中间调照片　马圆/摄

6.4.5 画面质感的表现

　　质感有时也被称为"质地"或"肌理"，是指各种物体表面的纹理、构造组织的不同属性以及它通过人们的视觉、触觉感知所产生的经验性感受（图6-4-15）。质感是真实的代名词，它是不同领域的艺术家极力要表现出真实的重要符号。不同质感给人带来不同的心理感受。陶瓷细腻温润，木材温馨舒适，金属硬朗明快。对于摄影者来说，通过日常对物品质感的了解，利用不同的光线、造型手段和技术能力，抓住人物、景物的质感特点，将其最为鲜明、有特点的形象特征和表面的质感特征真实地表现出来，作品才能真实生动。

　　光线在表现物体质感方面起着极其重要的作用，光的特性与方向能改变质感的外观，不同的物体质感在不同的光线下，会给人带来不同的视觉感受。一般来说不同质感的物体可以分为四种：吸光体、反光体、透明体和发光体。

图6-4-15　爱德华·韦斯顿/摄

　　吸光体表面比较粗糙，反射率低，几乎不会反射光线，多数表面质感比较粗糙（图6-4-16），也有一些相对光滑。对于这类物体可以利用侧光进行照明，使用较大的光比来突出物体的质感。反光体表面光滑，反光的能力很强，拍摄时的重点是控制表面反光，减少非成像光对拍摄产生的影响，使用大面积的照明光源，利用柔光灯箱来减弱光线在物体表面的反光强度，尽量注意现场杂光对于物体表面的影响。透明体和半透体，对于光线有较强的通过能力，拍摄这类物体时适合使用侧逆光和逆光照明，可以充分体现被摄物体的透明效果。在拍摄半透体时，除了要使用逆光照明还要注意正面辅助光的补充，调整恰当的光比使被摄体透明的质感表现得更加突出。发光体本身就是光源，具有发光的能力，拍摄时要注意发光体对周围物体的照射和影响，如果对周围物体的造型有影响，需要适当补光，以完善其他物体和周围环境的照明亮度。

　　摄影造型中能否表现好被摄体表面质感，直接影响到摄影作品的感染力。物体的质感表现，除了光线处理外，背景的选择也很重要，准确选择背景的影调、色调，可以与主体的质感形成对比，更加突出主体质感；也可以选择和主体质感相近的背景，这样效果和谐统一。此外，掌握准确的曝光等技术条件，选择适合的镜头、光圈和焦距，也是保证真实还原物体质感的重要方面。

图6-4-16　爱德华·韦斯顿/摄

　　表现质感还能强调物体的造型与特征，它为现实主义的表现起到了很好的作用，是摄影区别于其他艺术门类的一种判别特征。摄影史上许多著名的摄影家，如爱德华·韦斯顿、沃克·埃文斯等都曾经以表现物体质感为摄影的主要表现手法。他们追求画面质感的表现，追求最清晰、最细腻的影纹效果，用精湛的艺术手段来诠释物体真实的表面质感与形态来触及物质生命的核心。这种对于质感表现的追求使摄影进一步远离绘画，找到了更具生命力的自身特征，产生了革命性的影响。

第7章　影视摄影中的光线和画面色彩控制

7.1 滤光器的基础知识

在摄影摄像中，滤光器是重要的摄影附件，在摄影镜头前添加不同的滤色镜，是摄影对曝光控制、色彩控制重要的手段。在黑白摄影中，滤色镜还能起到调节影调的作用。

在日常生活中，人眼能够观看到五彩缤纷的景物，主要是人眼视网膜上锥体细胞所引起的感觉。锥体细胞共由三种感色单元组成，分别称为感红单元、感绿单元、感蓝单元。

感红单元：感色波段自600～700nm，对波长为650nm的光波最敏感。

感绿单元：感色波段自500～600nm，对波长为550nm的光波最敏感。

感蓝单元：感色波段自400～500nm，对波长为450nm的光波最敏感。

7.1.1 光的加色效应

当三种感色单元中的任意两种同时受到刺激，而且两种感色单元受到相同程度的刺激时，大脑则获得中间的色彩感觉。

如红光＋绿光＝黄光，红光＋蓝光＝品红光，绿光＋蓝光＝青光（图7-1-1）。

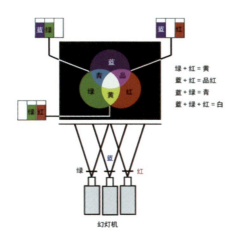

图7-1-1　光的加色效应

两种感色单元同时受到不同程度的刺激时，就会随着两种感色单元之间的比例变化，使大脑获得各种不同的色觉。

当三种感色单元受到同等程度的刺激时，人的大脑便获得消色的感觉。

结论：由两种以上的色光混合叠加之后所产生的新的色觉效果，称为光的加色效应。

7.1.2 光的减色效应

光的减色效应是指从白光或复合光中减去某种色光而得到另一种色光的效应（图7-1-2）。

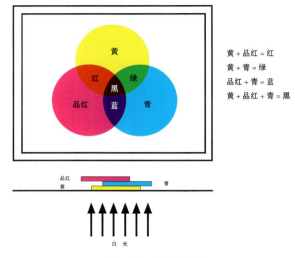

黄＋品红＝红
黄＋青＝绿
品红＋青＝蓝
黄＋品红＋青＝黑

图7-1-2 光的减色效应

光的减色效应概括起来有以下规律：

① 原色（红、绿、蓝）滤光器，只允许和本滤色镜颜色相同的色光透过，吸收其他色光。

白光是由等量的红光、绿光、蓝光混合而成的。当白光通过红滤镜时，它只允许红光透过，吸收绿光和蓝光；绿滤镜允许透过绿光，吸收红光和蓝光；蓝滤镜允许透过蓝光，吸收红光和绿光。

② 补色（黄、品红、青）滤光器，也称中间色滤光器，它允许与本滤色镜颜色相同的色光透过，同时还允许形成这一补色的其他两种原色光透过，吸收其他色光。

③ 两种补色滤镜叠加使用，只允许形成这两种补色所共有的一种原色光透过，吸收其他色光。

④ 两种原色滤镜叠加，各种色光均被吸收，或根据某一种滤色镜的浓淡程度，透过部分色光。

⑤ 三补色滤镜叠加，各种色光相继被吸收，最终都不能透过，呈现出黑色效果。

从滤光器的透光规律可以看出，滤光器不论是装在照相机、摄影机、摄像机的镜头前端或后端，它都会根据滤光器的颜色、深浅程度对不同波长的光波进行吸收与透过。

当滤色镜运用于黑白摄影中，由于滤光器的颜色不同，则会改变景物在画面中的影调、反差。

当有色滤光器运用于彩色摄影摄像中，画面效果会根据所加滤色镜的颜色而形成与滤镜颜色相一致的色调。不同性质的滤光器，可以使创作者所拍摄的画面获得不同的艺术造型效果。摄影滤光器可以极大地丰富摄影创作，赋予画面更多的内涵和意境，增强画面的艺术表现力和感染力。

7.1.3 滤光器的曝光补偿倍数

在摄影镜头前加用滤光器，都会不同程度地减弱光量。因此，在使用滤光器时，必须以原曝光组合为基础，对被吸收的光量做必要的补偿。

滤光器的曝光补偿倍数也称曝光因数、曝光系数。它表示在使用滤光器之后的曝光量相对于未使用滤光器时的曝光量的倍数。

影响滤光器曝光补偿倍数的因素主要有以下几个方面：

① 滤光器的密度和颜色。

② 感光材料的感色性。

③ 光源的光谱成分。

7.2 光源色温与画面色彩控制

在摄影摄像中，一个很重要的技术问题是如何使景物色彩按照创作者的意图客观地再现或主观地表现在画面中，这就必须了解照明景物的光源。由于光源色温不同，光谱成分各异，只有了解了光源色温，才能有目的地选择调节光源色温用的滤光片，使景物色彩在画面中得到准确控制。

7.2.1 色温

色温，又称色温度或光源色温（色温的相关知识见第6章）。色温是说明热辐射光源的光谱成分的，可以用绝对温度（K）或微倒度（MRD）来表示。色温不是物体色的标志，也不是亮度标志，它只说明热辐射光源光谱成分的变化。只有热辐射光源才具有连续性光谱，具有连续光谱的光源才能用色温来表示，如太阳、白炽灯、卤钨灯等。

微倒度（MRD）= $1/K \times 100000$。

表7-2-1　热辐射光源的色温及所含光谱成分的比例

光源	色温概数（K）	微倒度（MRD）	红光	绿光	蓝光
日午阳光	5500	182	33%	34%	33%
卤钨灯	3200	313	45%	34%	21%
白炽灯	2600	385	50%	34%	16%

从表7-2-1可以得知，色温的高低意味着光源中所含光谱成分的比例不同。

所含光谱成分中红光、绿光、蓝光三种色光的比例决定了所发出的光给人的视觉感受。比例平均对颜色的还原好。

辐射光源具有连续性光谱，色温值的高低标志着红光成分与蓝光成分的变化，可以用校色温滤光片来调节，使画面正常还原。

7.2.2 光源色温与摄影摄像的关系

光源色温与彩色摄影摄像工作的关系十分密切，它对画面的影响主要表现在以下两个方面。

第一，光源色温的高低直接影响物体颜色的明亮程度，也就是说，同一颜色的物体在不同色温的光源照明时会呈现出不同的明亮程度。

第二，光源色温的高低在彩色摄影摄像中直接影响画面的彩色还原。因为彩色胶片的感色性能和摄像管的感光灵敏度都是以一定的色温为前提的，只有在彩色胶片所要求的光源色温下拍摄，彩色胶片的三层乳剂才可获得彩色平衡。

要使所摄景物的色彩在画面中得到控制，就需要在拍摄时选择合适的校色温滤光片或合理进行白平衡调整。

需要说明的是，白平衡是光色造型的基础概念，是摄影光色控制的前提，它是针对技术基准控制方面的概念。例如，光学镜头色差和感光元件的感光度、显色性等，都是为摄影师所需的摄影工具制定的技术标准。但是，现实中不存在纯白的色光和纯白的物体，画面中也不存在纯白的颜色。"标准白色"是一个相对的概念。即使这个相对的白色概念有具体的控制方法，摄影师在进行创作时也不要将它作为色彩运用的标准。摄影师的创作并不只是为了还原物体和环境原有的色彩，往往还要通过改变原有的色彩来表达摄影师各种不同的色彩感受。

以前胶片时代有一个固定的标准概念就是"色彩还原"，是指彩色胶片在生产、拍摄和洗印加工过程中，其色彩与原景物色彩的一致性标准。它是胶片研发、生产厂家和洗印厂专门为控制胶片感色性而设定的专业技术概念，也是与现在"白平衡"相类似的概念。作为摄影师，要灵活掌握色温的运用，既要知道怎样还原颜色，也要能够拍出带有光线色彩倾向的画面，更要掌握混合色温的运用。摄影光色应用的根本任务就是寻找现实光线中丰富多彩、变化多端的光色变化，而不是将光色统一成一种单调的色光。这与白平衡的概念相似，都是与摄影的光色创造原则相违背的。在摄影创作中，光线应该是有色彩的（图7-2-1），不能只注意光线的黑白灰影调关系，否则就会成为"素描摄影"。

图7-2-1　《惊情四百年》画面的光线具有强烈的色彩倾向

7.2.3　校色温滤光片的类型及其应用

校色温滤光片主要有以下两种类型：

① 用于降低光源色温的滤光片。

② 用于提高光源色温的滤光片。

色温调整幅度较大的称为色温转换滤光片，色温调整幅度较小的称为色温平衡滤光片。

降色温滤光片中的色温平衡滤光片的主要作用是对所摄画面的轻微偏蓝青色给予校正，以求获得真实的色彩还原。

色温转换滤光片可以用于平衡光源的色温。

校色温滤光片还常用于增强画面气氛，改变画面色调，有意创作出偏冷或偏暖的色调效果，如白天拍摄模拟出月夜的夜景效果。

7.2.4　画面色调的改变

为了强调某种气氛，形成特殊的画面效果，增强画面的艺术表现力和感染力，常常采用必要的处理手段来改变画面的色调效果。

在彩色摄影中，因感光材料的三层乳剂经加工之后摄影者不能随意改变，所以只能加滤色镜或后期配光。

而在摄像中，可以采用两种处理方法。在摄像机的镜头前加用有色滤光器，前提是当摄像机在实际光源照明时先进行了正常的白平衡调整，之后再将有色滤光器加在摄像机的镜头前面。摄像中还可以利用摄像机的非正常白平衡调整，不是对准标准白卡片，而是利用带有颜色的卡片，以便形成造型所需的色调。

7.3　画面色彩的结构与运用

7.3.1　色调

色调指的是一幅画中画面色彩的总体倾向，是大的色彩效果，是画面上表现思想、感情所使用的色彩的浓淡。色彩的表现力同色调分不开。通常，各种红色或黄色构成的色调属于暖色调，用来表现兴奋、快乐等感情；各种蓝色或绿色构成的色调属于寒色调（也叫冷色调），用来表现忧郁、悲哀等情感（图7-3-1）。每个画面都有自己的色调，都可以表达一定的思想感情倾向。比如，在银幕上我们常常看到：红日表现希望、光明、美好，乌云表现逆境、邪恶、不幸，郁郁树木表现生气、生命，白雪表现纯洁，岩山表现坚定、毅力，等等。画面上这些景物的寓意，不仅是由于其形状、质地唤起人们的某种心理效应，还因为它们的颜色。在摄影实践中，色彩的组织原则是高度灵活的，一个固定画面、一组镜头段落，一场戏或一部电影的所有色彩必须是相互联系的。构图中使画面的色彩产生联系的核心是色调。通常我们认为画面中面积占主导地位的色彩决定了画面的色调。

可以从不同角度来研究色调，从冷暖的角度可以把色彩分为冷调和暖调两大类型。从色相的角度来看，色调又可以呈现出红调、绿调、蓝调、灰调等不同的形式。从色调的结构上来看，有的画面是"统一结构色调"，特点是以一种或几种极其接近的色彩为主导结构的色调；有的画面是"主次对比色调"，特点是以一种色彩为色调的主要组成部分，同时画面中还有小面积的与主导色彩对比强烈的色彩出现，这种小面积的色彩往往会成为画面的视觉中心，相对比较跳跃；还有一种色调结构是"对比色调"，画面中没有占绝对主导的色彩，两种或多种有明确对比关系的颜色相对均匀地分布在画面中，对比色调中主要对比色之间的视觉关系和象征关系是最重要的。

图7-3-1　电影《冒牌校花》用高色温光线指代月光　摄影指导：蒋建兵

7.3.2 色彩与影调的关系

在摄影创作中，影调控制是非常重要的。对摄影作品而言，影调又称为照片的基调或调子，是指画面的明暗层次、虚实对比和色彩的色相明暗等之间的关系。通过这些关系，使欣赏者感到光的流动与变化。摄影的影调包括暗调、灰调、高调等。影视画面的色彩与影调共同构成画面的色彩，影调的处理会影响到画面色彩的呈现。

在胶片电影时代，电影拍摄有诸多方面的限制，在色彩的运用和制作上都有很大的局限性。安东尼奥尼在拍摄《红色沙漠》时，为了能够逼真地表现人物的心理变化，对拍摄画面的色彩进行调整和对现实场景中的色彩进行人为改造，在场景中用颜料喷色，才有了电影画面中的红色厂房、黄色浓烟。而在数字技术时代，很多颜色都可以在后期解决。

如果是以光影影调为画面主导的色调，此类画面的色彩不会太跳跃，在色彩结构方面会比较统一（图7-3-2）。如果是以色彩调子为主导、光影影调为辅的画面，色彩有很大的表现空间，而光影的设计则是为表现色彩服务的（图7-3-3）。

图7-3-2　电影《林肯》画面设计以影调为主、色彩为辅　摄影指导：卡明斯基

图7-3-3　电影《布达佩斯大饭店》画面以色彩为主　摄影指导：罗伯特·尤曼

7.3.3 色彩的主观与客观运用

　　绘画中的色彩有很大的主观性，绘画因画家的感受、印象、理解、爱好、技巧、技能的不同而呈现出不同的面貌，但是在电影中是由摄影机客观记录的画面。色彩作为一种视觉元素进入电影之初，是为了满足人们在银幕上复制物质现实的愿望，观众感受到的也是这种新生事物的形象与真实。画面是一种真实存在的物质现象，是具体的客体在胶片上的化学反应，色彩的还原保证了再现现实生活的逼真。所以电影色彩的表现，首先是对自然世界的模仿和复制，是再现客观世界的技术条件，之后才是表现人物、表达情感。

　　摄影师阿尔芒都是一位追求纪实风格的电影人，他的影片色彩在设计上基本都有据可循：《阿黛尔·雨果的故事》模仿古典油画沉稳的暗色调，《克莱默夫妇》以简洁明快的明灰色再现纽约中产阶级的家庭生活，《天堂之日》以清澈的彩色酝酿怀旧的诗情（图7-3-4），等等。

图7-3-4　《天堂之日》　摄影指导：阿尔芒都

　　影像中的色彩由于美术设计、光线运用、后期调色等原因，无法做到与现实生活中的色彩一致，它与肉眼看到的真实是有差异的。相对来说，写意或是表现主义的色彩表现要更自由一些，发挥的空间也更大，往往出现色彩偏离很大的情况，成为主观的色彩运用。实际上，电影的色彩与绘画的色彩一样，存在客观的色彩和主观的色彩。

　　追求画面色彩的主观色调所采用的方法有以下几种。

　　① 给灯光加色纸，改变原有光线的色温。

　　② 后期制作调色。

　　③ 在镜头前加滤色镜，可以达到改变画面色彩的效果。例如，电影《两生花》使用琥珀镜，使画面出现偏暖的效果（图7-3-5）。

图7-3-5　电影《两生花》　摄影指导：拉沃米尔·埃迪扎克

　　④ 改变机器色温。

　　⑤ 灵活运用照明灯具。例如使用高色温灯具照明，但摄影机用的是3200K的色温，画面就会出现整体偏蓝的效果。

　　在影视摄影中，摄影负责光色、画色和片色。

　　光色：人物色、空间氛围、自然光线色、地域色、时代历史色、主客观色、色光。

　　画色：画面中心色、画面色调、色基调、客色、镜头色、主题色。

　　片色：后期调色、色彩调度。

　　摄影是从总体把握环境色调的选择，从光线上进行总体的设计和把握、技术处理。整部影片的每个段落、每个场景、每场戏甚至每个镜头都要有色彩的设计。

第8章 影视画面的运动

8.1 摄影机运动类型

摄影机的运动是摄影机的工作方法之一，是对如何拍、如何运动的操作性体现。20世纪20年代以前，电影工作者尚不知道摄影机可以移动，动作仅限于被摄主体的移动。虽然它有客观诠释，并善于表现静止的对象，但对于有着时间性的电影语言来说，和运动镜头相比，固定摄影显得呆板，偏向于舞台感，不适合表现运动，并有剪接镜头方面的困难。固定摄影是最古老的拍摄方法。除了固定摄影以外，其他的摄影方法都是以不同的运动来体现的，比如摇、移、升降、手持等。

在一个镜头中通过移动机位，或者变动镜头光轴，或者变化镜头焦距所进行的拍摄，称为运动摄影。

摄影机的运动能够帮助表达场景中不同的情绪。镜头运动会强化场景中的情绪。镜头运动要结合人物间关系的改变，表达出一种情绪，并为电影叙事服务。在很多电影中，动作场景中镜头围绕主角运动时很平滑，和《谍影重重》中摄影机的抖动很不同，镜头运动能表达出导演想向观众传递的某种情绪。

基本上，摄影机的运动可分为六种：平摇、摇上/下、移摄、移近/远（变焦镜头）、跟摄和升降镜头。

8.1.1 平摇

（1）定义

平摇是摄影机固定在三脚架等稳定的装置上，以固定点为轴心，该轴心不做移动，仅镜头实现向左或向右水平运动。平摇能够形成多个构图，展现连续的空间与主体被摄物的变化。平摇包括跟摇与空摇。

（2）作用

① 跟摇：维持稳定持续的镜头，使画面主角留在构图范围内或一段持续的位置。比如一个人在走路，摄影机必须跟紧他，使他一直留在画面中心。其特征是跟着主体。

② 空摇：作为一种主观镜头使用，没有明确的主体在画面中。比如从一个地方到另一个地方的展现，适合影片中的叙事性过渡。

③ 大远景的平摇镜在史诗电影中极有效，观众能随镜头的移动检验场景的广袤无垠。

④ 运用在中景及特写中，比如一组对话镜头中插入的反应镜头（即由一个说话者转至另一个人，看他的反应，维持两个主体的因果关系，区别于直接衔接固定单镜头会强调两个主体的分离）。

⑤ 平摇镜头强调空间的整合及人与物的连接性，但当这种组合被打破，会加强戏剧冲突效果。

图8-1-1 《心田深处》

如《心田深处》（图8-1-1），最后一个镜头是在教堂里，摄影机以慢动作横接过一排排教友，而在这些生者之间散坐着一些已逝去的人，包括凶手及被害人，肩并肩地祈祷。

⑥ 快速平摇：平摇的变奏，通常用来转换镜头，代替硬切。其速度很快，影像模糊成一片，但能造成两个镜头的同时性，导演用此法可连接不同的场景，使之不显得太遥远。有时为了把握节奏，也用在歌舞片里。

如图8-1-2、图8-1-3所示，男女主两人在酒吧里有一定的距离，配合着欢快的爵士乐，一下转到弹钢琴的男主角身上，一下转到跳舞的女主角身上，而且每一次都压着节奏鼓点。

图8-1-2 《爱乐之城》1

图8-1-3 《爱乐之城》2

8.1.2 摇上/下

（1）定义

上下直摇的使用原则与横摇大致相同，只是水平运动换成垂直运动。

（2）作用

① 主体移动时仍留在画面中心，或强调空间和心理的相互关系，或加强同时性、因果关系等。

② 主观镜头，模拟主角往上或往下看的视线所及，由于上下直摇牵涉到摄影机角度，所以也带有心理效果。比如水平视线的摄影机向下时，被摄对象突然就显得无助、可怜。

③ 有些垂直空摇镜头有介绍、交代环境的作用。

如《黑衣新娘》，从教堂顶端（图8-1-4）直摇下来，到教堂门口（图8-1-5）。

图8-1-4 《黑衣新娘》1 特吕弗/摄

图8-1-5 《黑衣新娘》2 特吕弗/摄

④ 从一个被摄主体转向另一个被摄主体。

⑤ 表现人物的运动。

⑥ 代表剧中人物的主观视线。

⑦ 表现剧中人物的内心感受。

在摇动镜头的实际运用中，空摇镜头的主观色彩比较明显，削弱镜头的客观性。同时，摇镜头的持续时间普遍比较长，所以在广告中很少见。另外，如果想减慢影片部分的节奏，可以适当增加摇动镜头（注意：摇得太快会产生频闪效果，所以这种镜头耗时，因为它必须平稳圆滑而缓慢，以免影像不清楚）。

8.1.3 移摄

（1）定义

移摄是将摄影机架在活动物体上，随之运动而进行的拍摄。用移动摄影的方法拍摄的画面称为移动镜头，简称移镜头，分为推镜头和拉镜头。

（2）作用

① 主观镜头。

移镜头对于表现主观镜头非常有利。如果导演想强调角色行动的目的，可以用剪辑的方式捕捉动作的头尾即可。但是如果他认为动作的过程很重要，则往往会使用移镜头。

② 可以造成与对白内容相矛盾的表达。

如《太太的苦闷》（图8-1-6、图8-1-7），女主角回到前夫家，两人躺在床上闲聊，女主角问前夫是否后悔离婚，前夫回答说没有，然而此时摄影机却自顾自地在房内移动，显示出女主角的照片等，证明男主角口是心非。这个推轨镜头是导演经由角色向观众说话，是创作者突然介入叙述。

图8-1-6　《太太的苦闷》，男女主在床上闲聊

图8-1-7　《太太的苦闷》，画面移动到照片

③ 心理暗示。

推镜头也适合逐渐体现更加趋于心理描写的效果。逐渐向角色靠近的推镜头，暗示观众要接近该角色，亦代表有些重要的事要发生，是一种渐进而不明显的发现过程，有"接近""揭示"的视觉感受。特写构图的直接衔接会造成突然的视觉感受，使用缓慢的推镜头则显得缓和而注意力逐渐集中。

例如《辣手摧花》（图8-1-8至图8-1-10），这里约瑟夫·考登口中说着"肥胖、人老珠黄、贪心的女人"，他愤慨而激动，说话不眨眼，似乎是在自言自语，而不是与别人说话。导演希区柯克在画面中清除了餐桌上的其他人，而放大了考登的演出效果。随着查理舅舅的独白逐渐提高愤怒与强度，摄影机一路稳定地向他推进，将他的脸填满整个画面。

图8-1-8　《辣手摧花》，查理舅舅开始发表关于"无用的女人"的独白

图8-1-9　《辣手摧花》，摄影机移近他

图8-1-10　《辣手摧花》，然后摄影机非常接近。当小查莉抗议"这些女人也是人"的时候，他转头反问："是吗？查莉？"

希区柯克原本可以使用其他的技巧，或者从查理舅舅背后拍摄让我们看不见他的脸，而看见餐桌上其他人的反应。可是当查理舅舅显露出对于女人的愤恨时，通过将镜头缓慢而稳定地移向他的脸，希区柯克在这里造就了一种特别的效果。摄影机不为所动的前进意味着我们正在窥探他的心灵。

（3）种类

移动摄影的种类根据摄影机移动的方向（以摄影机镜头拍摄方向为准）不同大致分为：推（摄影机机位向前运动）、拉（摄影机机位向后运动）、横移动（摄影机机位横向运动）和曲线移动（随着复杂空间而做的曲线运动）。

① 推镜头。

推镜头的作用如下：

A. 把观众带入故事环境（摄影机前行）。

B. 把被摄主体（人或者物）从众多的被摄对象中突出出来。

C. 突出人物身体某一部分的表演的表现力，如脸、手、眼睛等。

D. 缓慢的推镜头，能表现注意力与角色更接近，让我们感受到这是一个什么样的人，或者让我们体验他此刻的感受。

E. 慢推和双重推进镜头，这种移动随处可见。慢推是体现镜头语言的最好例子之一，它并不是重新架构，只是慢慢地、轻轻地接近。镜头语言上不是说"看"，而是说"仔细看"。表面之下还有更多的东西，不仅是视觉的东西。他知道我们如何阅读一个静态的镜头，然后要求我们带着更重要的心情去观看。

例如《神枪手之死》（图8-1-11、图8-1-12），这时我们除了知道杰西·詹姆斯的小传其他什么也不知道，也不知道卡西·阿弗莱克是哪个角色，但是不用一个字，我们就知道这里发生了什么，这都是因为他拍摄的方式。这个推镜头说明这个男人的脑海中有一些重要的事情正在发生，而这个镜头聚焦起来不仅是在说几个男人在深入了解中间那个男人，把它们放在一起，它们加起来的不只是两者之和而已。双重推镜头把两者的意义随着运动而联系起来。在那种魔力之外，有一些特别的事情在这些男人以及对面的人之间发生。某种特别的渴望，或者是兴趣或者是需求，卡西对中间那个男人的感觉，没有用一个字来表述，只有简单的镜头诉说。

图8-1-11 《神枪手之死》1

他尽了他的责任

The Assassination of Jesse James by the
Coward Robert Ford (2007)

图8-1-12 《神枪手之死》2

② 拉镜头。

拉镜头的作用如下：

A. 表现被摄主体与它所处环境的关系。画面的框架处于运动之中，画面内的物体不论是处于运动状态还是处于静止状态，都会呈现出位置不断移动的态势，并且移动摄影通过摄影机的移动开拓了画面的造型空间，创造出独特的视觉艺术效果，适合模拟"离开"的运动感受，也可以体现从微观到宏观。

B. 对比。往后拉的推轨会因突然显露某些信息而惊吓观众或更加震撼。因镜头往回拉时，会显露先前景框外的东西，有明显的透视变化，前景逐渐变为后景，画外空间涌入画内。

例如《阿甘正传》（图8-1-13），后退的推拉镜头比传统的推轨镜头更令人困惑。当我们将镜头推进时，通常能知道我们要去哪里，要去什么地方，但当摄影机反方向时，在跑步的主角一直在画面中，我们不知道目的地在哪，只有一种迫切紧急逃走的渴望。

C. 可以作为结束一个段落或者为全片结尾的镜头运用。

图8-1-13 《阿甘正传》

例如《乱世佳人》（图8-1-14）后退的推轨或升降镜头，先特写某一主题，然后向后撤退拉成全景。这种两极化的影像对比可以是滑稽的、令人震惊的，或者只是具讽刺性的。在这场著名的戏里，摄影机先拍女主角的特写，然后慢慢向后拉高，银幕上出现成千上万的士兵，最后在极远景时停下。远处的旗杆前一面破烂的军旗在风中摇摆犹如破布，这个镜头传达出史诗般遭战火蹂躏及失落的场景。

D. 缓慢的拉镜头，远离主角，表达一种情感的缺失或被抛弃，表现出同情感，建立观众和他的联系，让观众觉得和他一起被抛弃了（图8-1-15）。

图8-1-14　《乱世佳人》1

图8-1-15　《乱世佳人》2

例如《闪灵》（图8-1-16），温蒂发现丈夫杰克自从搬进这座酒店后，除了一整天都闷头写作外，脾气也越来越古怪，渐渐觉得她的丈夫疯了。当他们吵架，温蒂转身离去时，镜头慢慢向后推……

图8-1-16 《闪灵》1

再如《二十世纪女人》（图8-1-17），母亲极力地想要和儿子建立好关系，而儿子不怎么在乎，只走自己的路几乎都不看一眼。他们在逐渐失去联系和好的关系。镜头把我们引导到了那样的情感之中。

图8-1-17 《二十世纪女人》

③ 横移镜头。

摄影机沿水平方向做横向运动的摄影方式，是表现运动最有效的方式，适合表现运动的被摄物的侧面和轮廓，展现横向的空间变化，同时体现平面与纵深的空间关系。横移镜头对背景有一定的要求，需要有纵深的空间变化和层次感，配合有变化的前景，可以加强横移镜头的运动感。如果背景单一，甚至是完全平面化无内容的画面，横移镜头的视觉效果就类似固定镜头了。

④ 曲线移动。

曲线移动是根据拍摄场景的空间特性和角色调度的需要，所布置设计的一个平面连续运动，可以是规则或不规则运动轨迹，一般由连续的轨道连接来布置。可以表现连续完整的复杂空间，时常会通过前景和背景与角色间的运动变化来呈现空间完整、人物运动连贯的漂亮的长镜头。

8.1.4　移近/远（变焦镜头）

（1）定义

这里的移近/远是指在摄影机固定的情况下通过调整变焦镜头的焦距来实现的构图变化效果，这些效果犹如摄影机本身移动所产生的镜头运动效果。变焦镜头由多片多组不同的镜片组成，是一组定焦镜头的替代物，可以在不同的焦距范围内控制变化。

变焦镜头最早用于电视节目拍摄。电影史上第一部被官方认可的使用变焦镜头的电影是1927年由美国派拉蒙影业出品、克拉伦斯·巴杰执导的默片《攀上枝头》（图8-1-18），让观众真正意义上注意到了变焦手法。它将远景拉近，同时也缩小了镜头的视野范围。

图8-1-18　《攀上枝头》

（2）作用

① 变焦带给观众接近银幕、进入行动中的错觉。

在意大利铅黄电影（一种表现杀人狂类型的恐怖片），尤其是马里奥·巴瓦的电影中，足可领略到变焦的威力。

巴瓦擅长用变焦来吓人，在《着魔的丽莎》（图8-1-19）中，由中景推向阿丽达·瓦莉眼睛特写的镜头，同时一声巨大声响，再快速拉回中景，瓦莉抬头望向天花板，加入两场楼上的戏。突如其来的声响与镜头表现足以让没准备好的观众哆嗦一下。

图8-1-19 《着魔的丽莎》

② 快速推拉。经常用极为快速的推拉方式来体现正反打的惊吓镜头，如《血与黑蕾丝》（图8-1-20）。

图8-1-20 《血与黑蕾丝》

③ 强调、夸张某一被摄物体的局部。

④ 代表剧中人物的主观视线。

⑤ 表现人物的内心感受。

（3）变焦"推拉"镜头与移摄的区别

变焦镜头可以模仿摄影机的推拉运动，达到强调重点和改变景别构图的目的。与摄影机运动结合，可以形成大幅度的动感。

① 移摄是将摄影机向某个场景推进或拉出所拍摄的镜头。影片拍摄过程中，摄影师往往将动态人物与景物交织，使用移摄营造视野和视觉角度变化。不同的情景内容，运用移摄产生的效果也完全不同。拉镜头可以将观众带离戏剧的中心；反之，推近镜头，可以对演员进行特写。

② 变焦"推拉"镜头与移摄类似，但是它在技术和美学上是别具风格的。变焦镜头在视觉透视上有明显变化，而移摄没有。同时，它们的景深也不同。变焦镜头由于焦距变化，景深是发生变化的；而移摄焦距固定，所以景深没有明显变化。变焦实际上是镜头成像倍率放大或缩小，而并非镜头移动，所以它产生的情感和效果是不一样的。它给观众以幽闭恐怖的感觉，也会迫使观众的眼睛集中于某一物体。

在阿伦·雷奈的《战争终了》中，跟拍镜头使物体的分量加大，墙壁的大小与结实程度并没有变少，而路牌并不只是被放大，它的角度也有所改变；反之，如果以伸缩镜头放大的话，动态景框却无法改变物体的面向与位置。在安哲罗普洛斯的电影《尤里西斯的凝视》中，伸缩镜头放大了货船上的列宁人像。在镜头的结束与开始，我们对人像的角度没有改变。在画面中，人像头顶依然靠在两排树的边上，人像的脚与船头栏杆的相对位置还是相同。在伸缩镜头之下，货船逐渐看起来比开始的时候更接近这一排树。总而言之，当摄影机移动时，我们会感觉到空间的动感；而在伸缩镜头下，空间可以扩大或缩小一些。

8.1.5 跟摄

（1）定义

跟摄，又称跟镜头，适应动体的动作。比如对行动中的人或汽车等在近距离处拍摄时，根据人行动的速度、驾驶车的速度相应地移动相机拍摄，快门速度以1/30秒上下为宜。汽车好似在画面上停止，只有背景在流动，能充分表现动态。早期跟摄人物运动的主要方式为手持摄影。

（2）手持摄影

用手或肩部支架，由摄影师人体移动造成的摄影机运动，叫手持摄影，有徒手式和肩架式。手持摄影可以摆脱摄影机轨道和轨道车的束缚，创造更加丰富的运动镜头。

华人摄影师黄宗霑（手持摄影的先驱），他在拍摄影片时让摄影师穿上轮滑鞋，手持摄影机拍摄拳击，得到更加真实刺激的动作场面。

手持摄影的缺点是缺乏抒情的视觉感受，比起移动摄影来说，较易被观众察觉。手持摄影机通常是架在摄影师的肩膀上，20世纪50年代发明了轻型的手持摄影机，导演能够更自由地在空间游动。手持摄影最初是为了拍摄纪录片更加方便而使用，但很快剧情片也学会了活用手持摄影机。初期的这种手持摄影方式的效果较粗糙而且画面不稳，尤其近距离动作的不稳更为明显，所以也能模拟眩晕式的主观感受。

手持摄影可以迅速把观众带入到故事情节中。例如《拯救大兵瑞恩》（图8-1-21）的开篇，以手持摄影的方式拍摄诺曼底登陆，镜头极其晃动，却把战争的残酷与血腥表现得淋漓尽致。

图8-1-21　《拯救大兵瑞恩》

另外，手持摄影的手持设备轻便，可以不受空间限制；摄影机对被拍摄者造成的压迫感小；强烈的晃动可以创造紧张眩晕的观影效果；摄影机可以尽可能地贴近被拍摄者，观察细节；可以创造出逼真的主观视角。

娄烨的电影《推拿》（图8-1-22）开创了"盲视觉"的拍摄手法，昏暗、模糊以及晃动的画面让观众体验到盲人的观感。

（3）斯坦尼康（减震器）

一类以"斯坦尼康"为最著名的摄影机减震稳定器于20世纪70年代被研发出来，这让摄影师能够以身体为摄影机负重，通过一些阻尼连接到手臂可以控制的减震稳定装置。摄影师利用身体支撑做平顺连续的移动摄影，穿梭于一连串的场景或地点，而不会摇晃跳动。这种设备让摄影师无须再搭设轨道等稳定镜头设备，也节省了相关技术的人力和费用。

最有名的例子就是库布里克的恐怖经典《闪灵》（图8-1-23）。当小男孩闯入空荡荡的旅馆走廊时，在摄影机稳定器的辅助下，摄影机得以尾随男孩的三轮车而入。

图8-1-22　《推拿》

图8-1-23　《闪灵》2

（4）电子陀螺仪传感器三轴稳定器

近几年，军工技术更新换代，众多技术转为民用应用，各类型电子传感器开始走进人们日常的生活。电子陀螺仪和加速度计配合适合的微积分算法，实现了现代技术支持下的全新的摄影机承载技术。

三轴稳定器，通过与摄影机位置相对固定的IMU陀螺仪加速度计传感器，感应摄影机的水平、俯仰、朝向三个轴向上的位置变化，将传感器变化的数据传给主控计算芯片，计算芯片基于高速的运算，精确驱动无刷马达在各个轴向上迅速做出位置补偿，从而实现摄影机维持一个稳定的水平姿态。由于有传感器、处理器、物理运动驱动的配合，这种主动式的摄影机位置维持方式更加优越于斯坦尼康类型的机械式减震原理。所以，近几年迅速推广于专业应用领域和广泛的民用领域，使空拍、特技拍摄、优质长镜头等摄影技术大幅度提高，创作了很多精彩的电影画面。例如，《荒野猎人》《爱乐之城》等影片中的长镜头拍摄。

8.1.6 升降镜头

（1）定义

拍摄某些特殊角度的镜头时，摄影机会安装在特殊的升降装置上。升降镜头通常有个活动支架，约几米到几十米高，使摄影机能架设在上面，依托升降设备，实现高度上下变化的镜头拍摄。因具有这种流动性，升降镜头能呈现较复杂的概念，它可以从高而远的位置前进到低而近的特写。它能够改变观众观看的高度，展示俯仰角度之间的变化。

升降机取得的镜头具有非常强烈的戏剧效果。这样的镜头通常可能从水平视角的镜头开始，然后向上慢慢攀升，越过房屋和树木，直达天空（图8-1-24）。在影片开始或者结束时，通常可以采用升降机取景拍摄。

图8-1-24　《爱乐之城》

升降镜头对前景的变化有一定的要求，因为升降镜头拍摄比较大的场面和比较远的主体时，升降所产生的运动感不突出。如果合理地利用前景中的树木、建筑物、栏杆等作为上下运动的参照物，则可以在视觉上强化、突出升降镜头的运动效果。

随着电影技术的飞速发展，种类繁多、功能独特的新型影视专用设备正迅速地走近每一位影视工作者，掌握并熟练地使用它们已成为专业影视工作者增加节目制作手段、提高节目制作水平的重要手段。摄影摇臂系统就是其中一种在电影摄影工作中被广泛使用的大型专用拍摄辅助设备，它以活的拍摄位置及角度变化和运动画面拍摄的独特优势而备受摄影师们的青睐。

（2）作用

① 摇臂镜头向下，让演员进入场景或故事，有一种坠入演员所处的世界的感觉。

② 用摇臂升高镜头，用广角拍摄演员时，给人一种角色很渺小，他面对的东西很高大的感觉。

③ 镜头从高俯角到低仰角，显得主角很强大，摆出一种很吓人的姿势，给人一种权威感。

④ 升降镜头使画面的视域得到了扩展和收缩，画面有"登高望远、鼠目寸光"的效果。

⑤ 镜头运动形式的特殊性形成了画面构图的多样性，得到了多景别、多角度、多视点的构图效果。

⑥ 常用来展示事件或场面的规模、气势和氛围。

例如《党同伐异》（图8-1-25），格里菲斯用升降镜头从高空很缓慢地下降来拍摄壮观的场面，创造出恢宏的气势。

⑦ 可实现一个镜头内的内容转换与调度。

图8-1-25 《党同伐异》

空中遥摄镜头多用于在直升机上的拍摄，这种镜头是升降镜头的变奏，但是它的方向变动幅度更大，有时象征了抒情、自由的意义。当升降镜头派不上用场——出外景时就经常如此——空中遥摄就能营造出相同的效果。例如科波拉的《现代启示录》（图8-1-26），用空中遥摄镜头拍摄美国直升机在空中盘旋炸毁越南村庄，造成一种天地不仁的感觉。这场戏动感十足，充满活力及恐怖感。经过高明的剪辑后，生动地传达了失控和山雨欲来的感觉。

图8-1-26 《现代启示录》

8.2 综合运动摄影

综合运动摄影，是指在一个镜头中将推、拉、摇、移、跟、升降等多种运动摄影方式不同程度地有机结合起来拍摄的镜头，有推摇、拉摇、移推、拉跟等相互组合的几百种形式。

综合运动摄影大致可分为三种情况：一是"先……后……"，如先推后摇、先跟后推等；二是"包容"，即多种运动方式同时进行，如摇中带推、边推边摇等；三是前两种情况的综合运用。

8.2.1 综合运动摄影的功用

多样的形式有秩序地统一在整体的形式美之中构成一种活跃而流畅、连贯而富有变化的表现样式。综合运动在复杂的空间场面和连贯紧凑的情节场景中可显示出独特的艺术表现力，相比单一方式更能够呈现出一种较为复杂多变的画面造型效果。例如，横移接推、先推后摇、先拉后摇等。

综合运动的摄影机承载设备属于一种机电一体化的自控系统，结构较为复杂，主要由摇臂臂体、电控云台、伺服系统、中控箱和液晶监视器组成。其结构作用如下：

① 摇臂臂体——控制摄影机整体移动。

② 电控云台——控制摄影机水平旋转、垂直俯仰（模仿人的肩膀）。

③ 伺服系统——控制摄影机镜头变焦（推拉）、聚焦、光圈、摄影机摄录（模仿人的手指）。

④ 中控箱——所有控制信号、视频信号、电信号在这里进行集中滤波、放大、处理后输入输出。

复杂的综合运动镜头，为人们展示了一种新的视觉效果，开拓了一种观赏和认识自然景物的新的造型形式，如：摇——推——升——移。

运动镜头在运动中不断改变造型的结构和画面的主体及环境，使画面中流动着一种韵律，是形成画面造型形式美的有力手段。画面结构的多元性，形成表意方面的多义性，丰富了镜头的表现含义。

8.2.2 综合运动画面的拍摄技巧

（1）镜头运动与空间

对于画内外的空间，镜头运动有可观的影响。镜头运动可以用连续性的方式影响取景的距离、角度、高度和水平。上升镜头可以将角度由低变高，而向前推轨镜头可以使全景变为特写。

处理镜头运动与空间的关系，应注意以下两点：
① 镜头运动是不是依靠人物的动作而来的？
② 镜头不一定要跟着人物的动作而移动，它们可以独自运动。
例如《乘客》（图8-2-1、图8-2-2），沙漠中的那场戏。摄影机脱离人物拍摄了荒无人烟的沙漠，让人感觉空洞寂寞，这一刻摄影机变成了主角，随着它的移动带我们去观察这个世界。我们瞬间就能注意到那台机器，在空中那种变化能被感知，打破了正常的预期，要求我们自己解释它的优点。

图8-2-1　《乘客》1

图8-2-2　《乘客》2

（2）镜头运动与时间

移动牵涉到空间，也牵涉到时间。许多导演早就发现了这一点。观众所感受到的时间与节奏感都是由镜头的运动而来的，这是因为镜头运动牵涉到时间，它可以在观众心中产生期待与满足的心理效果。

（3）长镜头

长镜头是相对于蒙太奇的一种拍摄手法。这里的"长镜头"，指的是拍摄开机点与关机点的时间距，也就是影片片段的长短。长镜头并没有绝对的标准，是相对而言较长的单一镜头，通常用来表达导演的特定构想和审美情趣。例如，文场戏的演员内心描写、武打场面的真功夫等。

长镜头需要借助镜头运动。横摇、推轨、升降或伸缩镜头等，就经常用来改变镜头中的视角，如同剪辑改变镜头观点一样。

例如《历劫佳人》，开场镜头是一双手调定时炸弹时间的特写（图8-2-3），接着摄影机立即向右推轨跟着阴影前进（图8-2-4），然后一个不知名的暗杀者将炸弹放进车内（图8-2-5），当杀手逃离而受害者正坐进车里的时候，摄影机上升成高俯角拍摄（图8-2-6）。接着摄影机转到街角，再回转向后推轨拍摄车子前进（图8-2-7），车子经过男主和他的妻子，镜头转而跟拍他们，车子在画面中消失，接着摄影机后退，以斜角从人群中跟拍他们（图8-2-8）。摄影机再向后推，直到他们与车子再度相遇（图8-2-9），然后在边界稍停（图8-2-10）。之后镜头向左跟车，摄影机又遇到他们，并向前推进接近他们（图8-2-11）。接着变成中景镜头，两人正要接吻（图8-2-12），画外音的爆炸声打断了他们，两人向画面左边看去（图8-2-13）。然后下一个变焦拉近的镜头，显示熊熊大火中燃烧的车（图8-2-14）。

图8-2-3 《历劫佳人》1

图8-2-4 《历劫佳人》2

图8-2-5 《历劫佳人》3

图8-2-6 《历劫佳人》4

图8-2-7 《历劫佳人》5

图8-2-8 《历劫佳人》6

图8-2-9 《历劫佳人》7

图8-2-10 《历劫佳人》8

图8-2-11　《历劫佳人》9

图8-2-12　《历劫佳人》10

图8-2-13　《历劫佳人》11

图8-2-14 《历劫佳人》12

8.3 运动特技摄影

8.3.1 空拍摄影

　　空拍，也常被称作航拍，包括静态与动态的摄影。我们这里的空中运动摄影，是指从高空视点进行拍摄的镜头，是超越摇臂及升降机拍摄升限的拍摄方式。航拍的摄像机可以由摄影师控制，也可以自动拍摄或远程控制。航拍所用的平台包括飞机、直升机、飞行器、热气球、飞艇、火箭、风筝、降落伞等。

　　迅速发展的自动化控制科技促进了遥控飞行器的发展，以前由通航飞机搭载大型摄影机和摄影师、导演升空拍摄的办法，近几年基本上被各类遥控飞行器所取代。更多专门用于拍摄的航拍飞行器，由于挂载摄影机设备变得更加轻巧而更能保证高品质的画面；高度集成的航拍一体机和辅助、自动飞行功能的革命性进步，使空拍的风险与成本大幅度降低，因此，近几年电影中各种空拍镜头明显增多。

　　航拍因为无线路、承载连接的束缚，在创造各种自由运动的高空视点的镜头中发挥着重要的作用。这种高视点画面包容的信息量大，制造上帝视角和宏观场面生动得犹如身临其境。与静态照片相比，稳定连续的运动空拍镜头展现的广阔空间、惊人运动视觉效果、奇观感的视觉感受提升了观众的观看情绪。

　　这种高视点运动镜头，不只是表象层面上的摄影机视点的变化，更成为某种意念，直接刺激受众的脑细胞。而不受约束的长距离高清晰远程图像实时监看，可规划的自动飞行性能，智能化的精确定位和飞行线路，各方向的障碍物规避功能，给摄影师和导演提供了很多全新的创作空间。镜头在高度、速度、运动、拍摄长度、拍摄角度等范围得到了更大的自由空间，可以创造视觉风格独特的复杂长镜头，同时大幅度降低了设备成本，提升了人员与设施的工作安全性。

从某种意义上说，航拍镜头拓展了横向与纵向视觉空间的运动跨度，适合表现主体在大场景中大范围的运动；航拍镜头还可以实现突破摇臂摄影对于拍摄人物镜头的景别变化范围，由特写镜头连续变化为大远景；航拍镜头的运动快速，又能控制影片的节奏；而运动型的视觉效果使观众如临其境，情感也随着画面变化而起伏波动。在电影《后会无期》中，就大量使用了航拍镜头，而更多关于地理、人文的纪录片也利用大量的航拍镜头来展现自然环境与社会人文状态。

8.3.2　"飞猫"（Cablecam）

"Cablecam"指的是有线缆绳索的摄影方式，业内称其为"飞猫"。"飞猫"最早是运用在足球比赛的实况转播中，限于场地的使用特性，又要实时动态地完成不同景别、不同范围的运动调度，无法在场地中心架设摄影机，因此用钢缆悬挂的可随钢缆路线移动的镜头来拍摄运动员比赛的大范围运动。近些年"飞猫"也开始在影视作品中被广泛运用，用来表现在空间道具复杂的自然环境、人文环境中的一些快速移动跟拍镜头，制造有快感的运动镜头，弥补摇臂和航拍飞行器在复杂空间的调度限制，其挂载的摄影机稳定装置基本与航拍机的三轴电子陀螺仪稳定器技术一致。

"飞猫"的主要特点是自由灵动，可使摄像机在预设的三维空间内无盲点悬动、悬停飞行，突破了云台极限壁垒，镜头可无限旋转，采用光纤传输，高清视频信号无衰减，禁飞区域可现场任意设定，有故障自动保护功能。

与空拍和"飞猫"相似的技术转换，还有如无线遥控拍摄车、汽车改装的"俄罗斯臂"等小型或大型特技运动摄影拍摄设备，它们可以在各种环境条件下实现对不同运动拍摄需求的镜头画面的拍摄，如《速度与激情7》《谍影重重5》等。

第9章　影视剪辑

9.1 剪辑的发展

最早的电影剪辑始于电影诞生的初期，卢米埃尔兄弟在发明电影的初期，拍摄了很多纪实性的短片，例如，《工厂大门》《水浇园丁》等都是独立的短片。后来路易·卢米埃尔将四部各长50英尺的短片《火车出动》《摆开水龙》《向火进攻》和《火中救人》连接在一起成为一整部影片，这就是最初的电影剪辑。此后，随着无声电影向有声电影的转变，大卫·格里菲斯和爱森斯坦进一步发展了电影剪辑的蒙太奇理论，创造了真正的电影语言，从而奠定了剪辑在电影创作中第三度再创作的地位。影视艺术的第一度创作，是编剧对文学剧本的创作阶段（剧本阶段）；影视艺术的第二度再创作是导演、摄影师将文学剧本的文字内容转化为影片视听形象的再创作（拍摄阶段）；而影视艺术的第三度再创作就是剪辑工作（剪辑阶段）。随着电影艺术的不断发展，电影剪辑的工作模式也发生了翻天覆地的变化，剪辑师在完成一部部经典的艺术作品的同时，伴随着数字技术在电影领域的普及，剪辑师的工作方式从传统剪辑操作台变成了更为轻便的电脑。20世纪的头二十五年，电影剪辑师的工作室只有一个卷片器、一把剪刀和一只放大镜。胶片从冲印厂被送回来后，剪辑师开始审视每一格画面，在恰当的地方用剪刀剪下，再把需要连接起来的镜头胶片夹在一起，并跟导演一起观看粗剪的影片，再根据沟通得到的结果进行调整，在这里收短一些，在那里放长一点，直到觉得一切都很完美。随着有声片时代的到来，进入了剪辑的机械化时代。声画双规的Moviola被广泛应用于电影工业。直到21世纪初，电影剪辑经历了从机械化到电子化的转变，Moviola使用得也越来越少。曾几何时的复杂工作，现如今由随身携带的一台笔记本电脑就可以完成，甚至可以实现更复杂优秀的剪辑效果。1995年对电影剪辑而言是一个分水岭，这一年用传统方式在剪辑台上完成的影片和用数字方式在电脑上剪出的影片达到同等数量。之后，数字剪辑的电影逐年增加，而传统剪辑的电影逐年递减。在1995年时还没有任何数字剪辑的影片获得过奥斯卡最佳剪辑奖，而从1996年开始，基本上每一部获得最佳剪辑奖项的电影都是数字剪辑的。

9.2 剪辑的技巧

9.2.1 剪辑的步骤

剪辑的步骤主要包括：获取、整理、回看和筛选、顺片、粗剪、精剪、输出。

（1）获取

这是剪辑工作开始的第一步，也就是取得拍摄素材。现如今的影视作品拍摄经常是多机位的拍摄，特别是随着科技发展，一些特技摄影投入使用，如航拍、高速摄影等，而且一些专业的电影拍摄很可能用到几种不同的摄影机以发挥不同品牌机器的各自优势。这就需要在剪辑工作开始之前，保证所有的镜头素材（使用胶片拍摄的、模拟磁带上的或者是数字文件）齐备，以备后期剪辑制作使用。现如今大多是使用电脑上的数字非线性编辑系统来进行后期剪辑工作，那么就必须保证在剪辑工作开始前，先把所有素材进行"数字化"，如果是胶片拍摄的就要进行数字中间片的拷贝，以方便后期存储和使用。

（2）整理

对原始素材进行分类、标号和整理，是剪辑工作的一项重要内容，可能这项工作并不能决定影片整体艺术效果的好坏，但却对之后剪辑工作的效率起到非常重要的作用。现在的影视拍摄镜头素材数量庞大，有的影视作品镜头素材的时间甚至接近或达到上万小时，面对这样庞大的镜头素材进行剪辑，如果项目资料没有一个清晰的标识、分组或归类机制，就会很难找到好的镜头或好的声效，甚至可能要找到某场戏的某个镜头都要花费大半天的时间。许多优秀的剪辑师都有一套属于自己的有效整理技巧，可以将混乱无序的素材整理得井井有条，这样在后期的剪辑中可以达到事半功倍的效果。

（3）回看和筛选

获取和整理素材的阶段完成后，就必须回看所有获得的镜头素材，以挑选出适合使用的镜头。在剪辑台上，剪辑师面对的是大量独立、零散、片段的镜头素材。有的重要镜头，由于艺术上的追求或是技术上的一些原因，可能拍摄了很多条，以备剪辑时使用；还有一些大场面的戏，更是多角度、多机位、多层次地拍摄了大批量的素材。剪辑的首要任务就是对大量的原始素材画面进行准确的选择，并正确地使用它们。在进行素材画面选择时，要选取那些动作性强、造型优秀、时空合理的素材画面，同时还要顾及导演、摄影师和演员的风格特长，并兼顾同一类镜头的区别和特点。同时，一些暂时没有选取的镜头也不要丢弃，可能在影片的其他部分还有选择和使用的余地，这样在剪辑逐渐深入的过程中去进行细微调整，有时一个看似不相干的废弃镜头可能会弥补素材拍摄的一些不足，挽救整个段落。剪辑师必须有对镜头素材的辨识能力，要选择那些表演到位、造型优美、真实准确、有丰富内涵和艺术张力的镜头，通过这些高质量镜头的运用去刻画人物形象，推动剧情发展。从大量的素材中选取适合的，具有足够表现力的镜头，是剪辑师必须具备的基本功。

在选择素材时应注意以下几点：

① 演员的表演是否准确到位，是否符合剧情的需要，拿捏是否准确。

② 在摄影上是否达到了较好的造型标准，造型语言是否准确（包括镜头的拍摄以及灯光的运用是否合理，是否符合剧情需要）。

③ 美术制景是否营造出了剧情所需要的气氛，服装、化妆、道具等是否有穿帮现象。

④ 导演对演员表演的掌握是否到位，对场面调度的处理是否有失误。

（4）顺片

这一过程要将所有的主要镜头按照逻辑顺序进行组合。以根据分镜头剧本拍摄的原始素材画面和收录的原始素材声音为基础，结合已经透彻理解的文学剧本内容，并在全面把握导演的总体创作意图与特殊要求的基础上，将电影所选择的各个最佳场景镜头组合起来。在这一阶段，作品最初版本的框架应该已经初具规模，并形成一个较为直观的总体顺序式结构。

（5）粗剪

这是在顺片的基础上所进行的进一步调整，有些剪辑师也会把顺片和粗剪合并进行。在这个阶段中，作品的大部分多余内容都会被剪掉，所剩下的是一个叙事完整但还有很多粗糙之处的故事。此时，大部分镜头的剪辑并不是完美的，也没有最终的字幕，甚至一些段落的处理也会有明显的不严谨之处，无论是简单还是精细的特效也都没有制作，音频也没有进行细致的剪辑与合成。但已经确定了主要的段落结构关系，主要元素的时间节奏也已经有一个较为合理的安排，故事的展开方式也已经基本确定，但是在后续制作中仍然可能会重新调整场景的结构，此时的一切还都并未最终确定。

（6）精剪

在粗剪的基础上进行更为细致的剪辑，对样片施行大删减，主要是根据剧本和导演的总体构思进行全片的艺术处理。精剪完成后，影片结构的调整已经完成，镜头的长短也已经调整恰当，剪接点的改动以及声画有机结合的处理达到完美程度，作品不需要再进行大的修改。

（7）输出

不管作品是用来进行电影院放映还是制作给电视台播映、家庭放映等，输出都是最后需要处理的步骤。随着数字技术的发展，影片的最终输出终端有了更多的选择，包括影院、电视、网络、手机终端等。根据不同需要，可以选择不同的输出模式，以方便后期播放使用。

9.2.2 基本的剪辑转换

从一个镜头或者视觉元素转换到另一个镜头或者视觉元素，通常有四种基本方法：切、叠化、划、淡入淡出。

（1）切

切是指上一个镜头和下一个镜头之间的快速转化，即第一个镜头的最后一帧画面结束后直接接入下一个镜头的第一帧画面。不用任何光学技巧如叠化、划等方式来进行过渡，而是利用镜头画面直接切出、切入的方法衔接镜头，连接场景，转换时空，直接由一个镜头转化成另一个镜头，或由一场戏转化为另一场戏。

（2）叠化

从一个镜头的结束画面逐渐转换到下一个镜头的开始画面。叠化具体体现为上一个镜头消失之前，下一个镜头已逐渐显露，随着上一个镜头结尾的渐隐，下一个镜头的开始渐显在屏幕上。两个画面有若干秒重叠的部分。叠化方式可以是前一画面叠化后一画面，也可以是主体画面内叠加其他画面，最后结束在主体画面上。不同的叠化方式具有不同的表现功能，可归纳如下：① 可以表现明显的空间转换和时间过渡，常用于不同段落或同一段落中不同场景的时间、空间的分割，强调前后段落或镜头内容的关联性和自然过渡；② 在表现时间流逝感方面作用突出，这不仅体现在段落转场中，也体现在镜头连接后的情绪效果上；③ 表现丰富的视觉效果，尤其是一组镜头的连续叠化，视觉流动感强，便于营造氛围、深化情绪；④ 前后镜头长时间叠化可以强调重叠内容之间的对列关系；⑤ 叠化速度不同，产生的情绪效果不同，叠化速度快慢实际上体现为镜头重合的时间长度；⑥ 叠化有时也称为"软过渡"，因为当前后镜头组接不畅、镜头质量不佳时，比如镜头运动速度不均、起落幅不稳等，都可以借助叠化冲淡缺陷影响，同时避免了切换镜头的跳跃。

（3）划

前一个镜头画面渐渐划去，同时，后一个镜头画面渐渐划入，前后两个镜头的变化过程是经过划的状态来实现的。它的作用是在同一场戏和同一段落或不同时空和不同场景中分隔时间和空间，而且还可以分别表现在同一时间内不同空间里所发生的事件。镜头转化采用划的技巧，可使节奏加快，具有内容上的对比、映衬、活泼、明快之感。

（4）淡入淡出

电影画面的渐显、渐隐。画面由亮转暗，以至完全隐没，这个镜头的末尾叫淡出，也叫渐隐；画面由暗变亮，最后完全清晰，这个镜头的开端叫淡入，又叫渐显。淡入淡出是电影中表示时间、空间转换的一种技巧。在电影中常用"淡"分隔时间、空间，表明剧情段落。淡出表示一场戏或一个段落的终结，淡入表示一场戏或一个段落的开始，能使观众产生完整的段落感。"淡"本身不是一个镜头，也不是一个画面，它所表现的不是形象本身，而只是画面渐隐渐显的过程。它节奏舒缓，具有抒情意味，能够造成富有表现力的气氛。这种技巧最早是在拍摄时完成的。拍摄时，把摄影机中的遮光器逐渐打开，便得到淡入的效果；当一个镜头将要拍完时，把遮光器慢慢关上，便得到淡出的效果。

9.2.3　轴线

（1）180度规则/轴线运动

轴线是影视摄影的技术用语，它直接关系着镜头剪辑时的时空观和画面的方向性，作为影视剪辑必须对其高度重视并予以正确处理。轴线是指影片中人物的行动方向、人物的视线方向和人物之间相互交流而产生的一条关系线。轴线一般可分为三类，即动作轴线、方向轴线和关系轴线。轴线关系直接对镜头的调度产生影响，在现实生活中我们对三维空间的感受是毫不间断的一个连续感知过程，所获得的空间方位感是统一的。而在荧幕上则完全不同，由于分镜头的组合是把一个空间下发生的场景分解开来进行拍摄的，要使这些在不同角度和方位拍摄的镜头内容的连续性不被打破，就必须注意空间构成的法则。影视拍摄在空间处理上有一条规则是：摄影机在选择不同角度拍摄时，不能随意越过轴线，而只能在轴线一侧的180度角内进行拍摄，也可称之为180度规则。这个规则由拍摄一个场景动作的第一个摄影机确定，此镜头通常是一个展示演员和环境的远景。比如沿着演员的行走方向，穿过场景或某个地点，定义画面左侧和画面右侧。那么接下来的所有镜头，不管景别如何变化，都必须保持在这条动作线的同一侧进行拍摄。当以远景镜头拍摄两个人的对话场景，他们已经确定一侧的空间，并在这一侧单独拍摄两个人的近景镜头。这样一组镜头可以想象成在两个演员之间形成一个圆圈，演员之间的连线把这个圆切成两个180度的半圆，摄影机必须保持在其中一个半圆的范围内进行移动，在此范围内来切入不同角度、景别的镜头。假设摄影机跨过两人之间的连线，到另一侧拍摄一个人物的特写，这个人物一旦被剪辑到场景中，将转身面朝相反的方向。观众会认为这个场景是错误的，为何两个人的对话不是面对面，他们的方向完全混乱了，因为不规则的镜头破坏了场景的轴线关系，即离轴。离轴是由于镜头随意越过轴线，违反了空间处理规则而产生的前后镜头空间不连贯和不统一的现象。

（2）30度规则

基于180度规则，30度规则要求摄影师在拍摄时沿着180度弧线的拍摄间距至少要保持30度以上，这样拍摄出来的两个镜头就具有较明显的角度变化。为什么要选择间隔30度距离来拍摄呢？这是因为如果两次拍摄的机位间距不足30度，在剪辑镜头时，将两个这样的镜头放在一起看起来会过于相似，导致观众在视觉上产生跳跃感。如果拍摄弧度上没有足够的位置移动，摄影机所展现出来的影像会过于相似，即使在景别上做了调整，人物或景物在画面中的大体方向也是相似的，将这样的两个镜头剪辑在一起，影像就会在空间瞬间发生跳跃，而且时间上也会产生跳跃感。拍摄的角度和镜头类型必须存在明显的差别，使影像在剪切前后出现让观众信服的变化。作为剪辑师，你无法控制摄影机拍摄镜头的位置，但只要有两个以上的拍摄角度，你就可以控制将哪两个镜头在剪辑点连接在一起。确保两个镜头在动作角度上的差别足够明显，这样一起观看两个镜头时才不会出现跳跃。

（3）匹配角度

拍摄对话场景时，拍摄团队通常会拍摄匹配角度镜头，即在拍摄每个人物时每个镜头类型中该人物的角度、在画面中的大小以及面部焦点要一致。一个人物的特写看起来与另一个人物的特写要相似，但是两个镜头分别位于画面的两侧。作为剪辑师，经常会把一个人的镜头和另一个人的匹配镜头放在一起进行剪辑。两个人的对话场面在这样的反复切换镜头中更容易被观众接受，这是因为虽然两个不同的人物在屏幕上处于相对的位置，但是他们看起来好似在一起。这样相互匹配的镜头再加入一个两人在同一镜头中交谈的镜头，构成了叙事中常用的三镜头法则。

（4）匹配视线

视线是指人用眼睛看东西时，眼睛和物体之间的一条假想线，连接人物的双眼与电影世界中吸引人物注意力的任何物体。在镜头剪辑时务必使画面上的人物视线同一，除特殊剧情要求外，都要做到这一点。在剪辑较近人物镜头时，人物视线方向上的物体通常在镜头画面外，这样的剪辑就要注意接下来画面的视线匹配问题。当你将人物的镜头与感兴趣的对象的镜头剪切在一起时，观众必须能够沿着从人物双眼到感兴趣的物体的假想线，越过剪辑点，进入新的镜头，使两个镜头能够做到自然衔接。如果这条线无法正确延伸，观众会感觉两个镜头的衔接产生跳跃与违和的感觉。不过在实际拍摄中，双方的视线也并非全部真的在看着对方，而是根据导演规定的方向，看着一个假定的位置。这样的处理是为了在荧幕中的效果是方向一致，这种处理方法叫作借视线。当荧幕上只有角色独自一个人时，在剪辑时视线方向的处理就比较自由，更多地考虑眼神所传递的情感内容是否符合故事剧情的需要。一般来说，视线向上表示思考、希望、遐想等，视线向下表示忧愁、担心、沉思等。有时也会出现演员呆呆地看着镜头，用来表现内心的活动。总之，剪辑时不仅要考虑视线的匹配，更要考虑在剧情内容上的契合度。

9.2.4 剪辑的连贯性

我们都知道，一部完整的影视作品是由若干镜头素材所组成的。保持镜头衔接在三维空间处理上的连贯性是优秀剪辑的基础，使画面的转场保持平稳流畅，画面节奏连贯，这是一部影视作品剪辑所要解决的基本问题。

（1）内容的连贯

电影，是由活动照相术和幻灯放映术结合发展起来的一种连续的影像画面，在电影产生的初期，只是由单个镜头所构成的生活片段的再现，直到有了一些简单的具有剧情的小故事，才在此基础上产生了分镜头。而镜头的分解与组合，就是将单个的镜头画面根据影视作品的内容、情节进展等通过剪辑将它们重新组合成一部完整的具有整体表达性的影视作品，而这一组合的基础就是内容的连贯性。

从一个镜头切换到另一个镜头时，人物和景物的动作必须是紧密衔接、匹配连贯的。例如，一个全景表现一个人坐在窗边喝茶，拿起茶壶，壶中冒着热气。接下来切入特写，把茶壶中的茶水倒入茶杯中。之后切入一个拿着茶杯喝茶的近景，之后把杯子放下，揉搓双手并哈气暖手，同时头看向窗外的景色。最后切入窗外景色的镜头，表现外面下着大雪，寒气袭人。这四个镜头的剪辑既保持了人物动作的准确剪接，也使景物镜头的剪辑合理。从拿起茶壶切入倒水的镜头，之后又切入喝茶、放杯、暖手、看向窗外的镜头，这三个镜头完整地交代了剧情内容，并使人物运动的剪接流畅连贯，同时体现了在冬季寒冷天气中的一些人物细节，为之后切入的景物镜头做了恰当的铺垫，前后镜头相互呼应，使景物镜头符合影片所表达的内容。

由于现场拍摄时，摄影师是根据基本的分镜头剧本进行拍摄。分镜头剧本已经是蒙太奇结构的文字形象剧本，是专供前期拍摄和后期剪辑所使用的基本架构，是影视艺术的第二度创作，导演、摄影师进行着将文学剧本的文字内容转化为影视视听形象的再创作（拍摄阶段）。如果在一个中远景镜头中，一个士兵右手拿着枪，躲藏在墙角处，那么在接下来切入他探出头进行观察的近景时，也应该是右手持枪。而如果此时在素材中并未找到右手持枪的中近景镜头，而发现了一个左手持枪或者是右手拿着手雷的镜头，这样的两个镜头都不能达到完美切合的要求，但此时却因为需要强调人物的紧张感，必须把镜头由远景切换为近景以表现人物的表情变化，那么在处理时就要进行一些模糊化的弥补，比如可以在切入左手持枪的镜头前，插入一个整体的环境描写镜头，以强调紧张感，这样的处理可以使观众在连贯的视觉动作中出现短暂的中断，观众也会不自觉地认为在镜头离开人物的这段时间，人物的枪从右手换到了左手。在这种情况下，切出的镜头就显得很重要，这个切出的镜头恰到好处地分散了观众的视觉注意力，并在这一镜头中造成了时间上的空白，很好地调整了动作的连贯性逻辑，弥补了这一拍摄所带来的问题，也很好地解决了内容的连贯性。不管如何处理，最终目的都是要达到影片内部结构的严谨性和外部结构的流畅性，使观众在观影时有一个流畅紧凑的观影感受。

（2）位置的连贯

进行镜头组接，如何处理三维空间中的人物位置关系是一个非常重要的问题。影视作品是在二维荧幕空间中表现三维空间关系，而在这种转化的过程中，如何处理三维空间中的人物位置关系是拍摄与剪辑的过程中需要考虑的一个重要问题。特别是在剪辑处理的过程中，如果考虑不够充分，就会造成画面空间模糊、内容逻辑混乱、故事衔接不流畅等问题。影视作品大多以演员的表演活动为主进行故事内容的展开，荧幕中的人物总是在其中进行进进出出等一系列表演活动。比如，在战场上的敌我双方交战，如果把双方在荧幕中的位置搞错了，就会产生向同一方向开枪射击，而形成不了双方对峙的效果，或者形成敌我双方在画面中的位置相互变换，让观众感觉敌我双方的出现逻辑混乱，无法形成视觉的延续性思维，造成看不懂的情况。若违反了空间处理规则，会产生前后镜头空间不连贯和不统一的现象。也就是说，剪辑时如果演员出现在画面的右侧，那么在同一个场景，在接下来的任何镜头中，该演员都必须出现在画面偏向右侧的某个位置。谈到剪辑中位置的连贯性，就不能不谈轴线和离轴的处理。轴线虽然是摄影师更需要考虑的内容，但是在剪辑的过程中也必须加以考虑。

（3）声音的连贯

影视是一门视听艺术，那么它自然包含了两个重要的语言表达手段，其中一个是视觉，另一个就是听觉，也就是画面和声音。这两个手段相辅相成，不可分割。自从电影进入到有声时代后，画面和声音的有机结合产生了视听综合、时空复合的荧幕形象，构成了丰富多彩的视听语言，将电影艺术推向了一个崭新的阶段。如果场景动作发生在同一时间、同一地点，那么声音也将从一个镜头延续到下一个切入的镜头。比如，一个中景镜头表现一个中年人在家里看足球比赛，赛场中的加油呐喊此起彼伏，气氛热烈。切入的下一个镜头表现门被突然打开，进来一个年轻人和中年人开始交谈。第三个镜头切入的是两个人交谈的画面，在这个画面中已经没有电视机中的足球比赛了，但足球比赛的声音也应该延续到后面的镜头，以保持空间的统一性。在同一剪辑场景中，语音和物体的声音级别应保持一致。在电影空间内，物体和摄影机之间的距离发生变化时，应注意镜头中混音量的变化，并将这些变化表现出来。视角发生了变化，声音也应随之发生改变。

9.2.5 剪辑的原则

剪辑的原则主要包括：情感、故事、节奏、视线、二维特性（画面的平面性、180度轴线关系）和三维空间的有效衔接等。

剪辑有对错之分吗？要如何评判一部影视作品的剪辑是否成功？在讨论这个问题时，有很多因素需要考量。如何剪辑以及为什么要剪辑是不同的两件事。剪辑的首要因素似乎是要保证一部影视作品在三维空间上的有效衔接，保持视觉的连贯性。这在很长的一段时期内都是剪辑最重要的工作，特别是在有声电影的初期。如镜头一：人物推开门进入房间，走向沙发。镜头二：切换景别，人物继续走到沙发前，坐在沙发上。类似这样的法则从未被打破，使画面中的人物产生跳跃感是不被允许的，除非是一些极端混乱的画面，比如战争题材或是发生地震等。

而要探讨一部好的影视作品的剪辑，则要跳出这一思维模式，首先需要考虑的是这部影视作品本身，一部成功的影视作品最重要的是传递情感，让观者产生共鸣，有强烈的带入感。所以，情感的有效传递才是剪辑中首要考虑的原则，你想要你的观众怎样去感受，如果他们对这部作品的感受正好是你要的，那么证明你成功了。一部好的影视作品，人们最终记住的不是摄影、表演、剪辑，而是深深地融入观众内心的情感，是他们的感受。

一个理想的镜头切换，需要满足以下几个方面的要求：

① 保持情感的延续，恰当地处理情感的变化，激发观众的情感共鸣。

② 能够有效并恰当地推进剧情的发展，使故事能够行之有效地进行下去。

③ 保证剪辑的节奏，使剪辑点处于正确的时刻。

④ 处理好观众的视线所关注的荧幕焦点的位置。

⑤ 保证画面二维空间的视觉习惯性，处理好轴线关系。

如前所述，排在第一位的情感是最为重要的原则，当然，如果某部分的剪辑既能表达出完美的情感关系，又能合理推动剧情发展，使故事结构清晰准确，而又形成了很好的符合情感需要的画面节奏，同时使画面中的视线和二维空间达到平衡，那么即使画面中的三维空间连贯性出现了问题，也可算作一个好的剪辑。特别是如果其他的镜头衔接方式都无法满足情感上的表达，那么即使牺牲了空间的连贯性，也要以第一条为主要的参考原则进行处理。

当然，一部影视作品的剪辑并非是做加减法一般机械化，有时面对的素材千头万绪，可能出现的情况也不可能逐一而论，但情感的有效传递却是任何作品也无法回避的。一部作品有了恰当的情感传递，并以一种独特的有效方式推进故事的发展，保证节奏准确，那么观众就会完全地投入其中，甚至不会注意到剪辑所带来的一些其他机械式的问题，比如轴线的不合理变化、三维空间的不连贯等问题都会被忽略。当然，如果在镜头的衔接以及段落的处理中能完美地符合全部要求，那自然是再好不过，这是剪辑的目标。但在一部影视作品的剪辑中，大量的素材可能会出现恰恰找不到完全匹配全部要求的情况，就需要在取舍中去进行剪辑的处理，这时就要有清晰的认识，哪些原则才是更重要的，不要为了牺牲情感而去照顾其他选项。

9.3 剪辑软件

9.3.1 创建项目

项目是一个包含了序列和相关素材的Premiere Pro文件，与其包含的素材之间存在着链接关系，其中储存了序列和素材的一些相关信息和编辑操作的数据（图9-3-1）。在Premiere Pro的欢迎屏幕中，可以启动新项目或者打开已经保存的项目。

新建项目后，Premiere会弹出"新建项目"对话框，用户需要在其中为项目的一般属性进行设

图9-3-1　Premiere的开启界面

图9-3-2　Premiere"新建项目"窗口

置，并在对话框下方的位置和名称中设置该项目在磁盘的存储位置和项目名称（图9-3-2）。

（1）DV和HDV捕捉

不需要额外的第三方硬件，Premiere Pro可以使用计算机上的FireWire链接，从DV和HDV摄像机录制视频。FireWire是一种方便的磁带媒体链接，因为它只使用一条连接线来传输视频和音频信息、设备控制以及时间码。

（2）暂存盘设置

只要Premiere Pro从磁盘捕捉视频或者渲染特效，就会在硬盘上创建新的媒体文件。

暂存盘就是存放这些新文件的位置。暂存盘可以是单独的磁盘，也可以是任意文件存储位置。

接下来，用户需对项目序列的参数进行设置。在弹出的"新建序列"对话框中，根据视频素材的拍摄机器不同，选择不同的有效预设（图9-3-3）。

比如，DV分类中有DV-24p、DV-NTSC和DV-PAL三种。不同的分类代表不同的制式。世界上主要使用的电视广播制式有PAL、NTSC、SECAM三种，德国、中国使用PAL制式，日本、韩国及东南亚地区与美国使用NTSC制式，俄罗斯则使用SECAM制式。因此，若视频拍摄机器是DV，则应选用DV-PAL进行编辑。

在DV-PAL预设下，分为标准32kHz、标准48kHz、宽银幕32kHz和宽银幕48kHz四种。标准和宽银幕分别对应"4：3"和"16：9"两种屏幕比例（又称纵横比）。16：9主要用于电脑的液晶显示器和宽屏幕电视播出，4：3主要用于早期的显像管电视机播出。随着高清晰电视越来越多地采用宽屏幕，16：9的纵横比也在剪辑中更多地被选择。从视觉感受分析，16：9的比例更接近黄金分割比，也更利于提升视觉愉悦度。若素材是4∶3的比例，而剪辑时选择16∶9的预设，则画面上的物体会被拉宽，造成图像失真。

图9-3-3　Premiere"新建序列"窗口

32kHz和48kHz是数字音频领域常用的两个采样率。采样频率是描述声音文件的音质、音调，衡量声卡、声音文件的质量标准。采样频率越高，即采样的间隔时间越短，则在单位时间内计算机得到的声音样本数据就越多，对声音波形的表示也越精确。通常，32kHz是mini DV、数码视频、camcorder和DAT（LP mode）所使用的采样率，而48kHz则是mini DV、数字电视、DVD、DAT、电影和专业音频所使用的数字声音采样率。需要注意的是，项目一旦建立，有的设置将无法更改。

HDTV标准是高品质视频信号标准，包括1080i、720P、1080P，也就是说D3、D4、D5属于HDTV标准，但目前支持480P也大概称为支持HDTV。数字高清电视的720P、1080i和1080P是由美国电影电视工程师协会确定的高清标准格式，其中1080P被称为目前数字电视的顶级显示格式，这种格式的电视在逐行扫描下能够达到1920×1080的分辨率。目前世界上只有60英寸以上的显示屏才能够显示出1920×1080的信号。

a1080、a720是视频规格表述，都采用了变形技术以获得更高的画质。a1080一般包括1440×1080和1280×1080两种规格，纵向分辨率都达到了1080P的标准，通过播放时的横向扩展，实现接近1080P的清晰度。a720与a1080类似，在纵向分辨率上达到720P的标准，通过播放时的横向扩展，实现接近720P的清晰度。a720一般采用960×720的规格，也有更低到852×720的，在视频流尺寸规格上比较宽松，重点保证电影全片容量要控制在0.5D5（2200M）以内，电视剧一集在1/6 D5（730M）以内。这里的"a"是指AR——显示比例——的意思。

微软的WMHD-HD出版物采用这种技术实现了D9容量装下1080的片子，比如以前发过的《天使爱美丽》《终结者2》WMV-HD 都是WMV编码1440×1080变形的片子。BBC-HD电视台的H264 HDTV节目，还有一些美国电视台也都采用了这种技术。

现在大家很常见的1024高清是指1024×576，也叫HR-HDTV。HR-HDTV的准确名字叫作Half Resolution High Definition，即HRHD（HR or HR-HDTV），也就是大家所说的全高清的一半，所以HR-HDTV也叫半高清。全高清是1920×1080，也叫1080P，它的一半就是960×540，因为算法的关系所以改为960×528或者960×544。后来为了适应显示器的分辨率（1024×768）而改为1024×576。HR-HDTV是一种全新格式的HDTVRIP（RIP是转压的意思，这里连起来的意思就是高清转压）。

注：以上标准中"i"表示隔行，"P"表示逐行。

非隔行扫描的扫描方法（即逐行扫描）通常从上到下地扫描每帧图像。这个过程消耗的时间比较长，阴极射线的荧光衰减将造成人视觉的闪烁感觉。当带宽受限，以至于不可能快到使用逐行扫描而且没有闪烁效应时，通常采用一种折中的办法，即每次只传输和显示一半的扫描线，即场。一场只包含偶数行（即偶场）或者奇数行（即奇场）扫描线。由于视觉暂留效应，人眼不会注意到两场只有一半的扫描行，而会看到完整的一帧（图9-3-4、图9-3-5）。

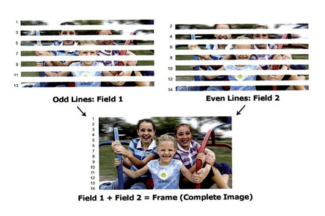

图9-3-4　隔行扫描1

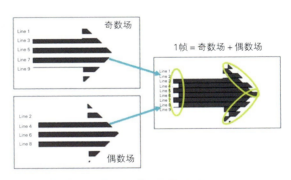

隔行扫描—每帧取样两次无法再合成为一帧

图9-3-5　隔行扫描2

（3）帧率

帧率（Frame rate）是用于测量显示帧数的量度。测量单位为每秒显示帧数（Frames per Second，简称：fps）或"赫兹"（Hz）。由于人类眼睛的特殊生理结构，如果所看画面的帧率高于16，就会认为是连贯的，此现象称为视觉暂留。这也就是为什么电影胶片是一格一格拍摄出来，然后快速播放的。

每秒的帧数（fps）或者说帧率表示图形处理器处理场时每秒钟能够更新的次数。高的帧率可以得到更流畅、更逼真的动画。一般来说30fps就是可以接受的，将性能提升至60fps则可以明显提升交互感和逼真感，但是超过75fps一般就不容易察觉到有明显的流畅度提升了。如果帧率超过屏幕刷新率只会浪费图形处理的能力，因为监视器不能以这么快的速度更新，这样超过刷新率的帧率就浪费了。

常见媒体的帧率如下所示。

电影：23.976fps。

电视（PAL）：25fps。

电视（NTSC）：29.97fps。

CRT显示器：60Hz～85Hz。

液晶显示器：60Hz～75Hz。

3D显示器：120Hz。

（4）影响因素

既然刷新率越快越好，为什么还要强调没必要追求太高的刷新率呢？原因是在显示分辨率不变的情况下，fps越高，则对显卡的处理能力要求就越高。

电脑中所显示的画面都是由显卡来进行输出的，因此屏幕上每个像素的填充都得由显卡来进行计算、输出。

当画面的分辨率是1024×768时，画面的刷新率要达到24帧/秒，那么显卡在一秒钟内需要处理的像素量就达到了"1024×768×24＝18874368"。如果要求画面的刷新率达到50帧/秒，则显卡在一秒钟内需要处理的像素量就提升到了"1024×768×50＝39321600"。

fps与分辨率、显卡处理能力的关系为：显卡处理能力＝分辨率×刷新率。这也就是为什么在玩游戏时，分辨率设置得越大，画面就越不流畅的原因了。

（5）刷新率

刷新频率：即屏幕刷新的速度。

刷新频率越低，图像闪烁、停顿和抖动得就越厉害，眼睛疲劳得就越快。

采用70Hz以上的刷新频率时才能基本消除闪烁，显示器最好稳定工作在允许的最高频率下，一般是85Hz。

在显示器内部有一些振荡电路，人们通常所说的刷新频率，指的就是振荡电路的频率。

刷新频率的计算公式是：水平同步扫描线×帧频＝刷新频率。

普通显示器的刷新频率为15.75kHz～95kHz。

15.75kHz是人体对显示器最低要求的刷新频率，是由525（线）×30（fps）＝15.75kHz计算所得。

由此，我们可以逆向推算出显示器扫描一条水平线所花的时间。众所周知，时间和频率是倒数关系，即1/频率＝时间。

在这里，1/15.75kHz＝63.5us（微秒），也就是说在每帧525线、每秒30帧的模式下，显示器扫描一条水平线所花的时间是63.5微秒。

李安导演的《比利·林恩的中场休息》采用了120帧、4k分辨率，而以往都是24帧，所以也说"电影是每秒24格的真理"（让·吕克·戈达尔）。在120fps的格式下，战斗会变得前所未有的真实，这也是为什么影片中并没有使用战争片常见的慢镜头。对于李安来说，120fps/4k的拍摄格式保证了战斗中的种种细节都已经收录到镜头中，剩下的就是把战争放到观众眼前了。

9.3.2 Premiere的工作界面

Premiere Pro CS6的工作界面由三个窗口（项目窗口、监视器窗口、时间线窗口）、多个控制面板（媒体浏览、信息面板、历史面板、效果面板、特效控制台面板、调音台面板等）以及主声道电平显示、工具箱和菜单栏组成（图9-3-6）。

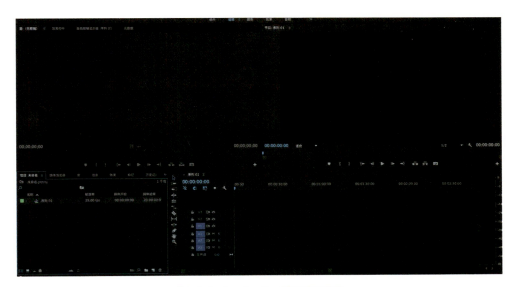

图9-3-6　Premiere Pro CS6的工作界面

（1）项目窗口

项目窗口主要用于导入、存放和管理素材（图9-3-7）。编辑影片所用的全部素材应事先存放于项目窗口内，再进行编辑使用。项目窗口的素材可用列表和图标两种视图方式显示，包括素材的缩略图、名称、格式、出入点等信息。在素材较多时，也可为素材分类、重命名，使之更清晰。导入、新建素材后，所有的素材都存放在项目窗口里，用户可随时查看和调用项目窗口中的所有文件（素材）。在项目窗口双击任一素材可以在素材监视器窗口播放。点击"文件"→"导入"，即可将素材导入Premiere中（快捷键Ctrl＋I）。

图9-3-7　项目窗口

（2）监视器窗口

监视器窗口分左右两个视窗（监视器）（图9-3-8）。左侧是"素材源"监视器，主要用于预览或剪裁项目窗口中选中的某一原始素材。右侧是"节目"监视器，主要用于预览时间线窗口序列中已经编辑的素材（影片），也是最终输出视频效果的预览窗口。

图9-3-8　监视器窗口

①　"素材源"监视器。

"素材源"监视器的上部分是素材名称。点击右上角的三角形按钮，会弹出快捷菜单，内含关于素材窗口的所有设置，可根据项目的不同要求以及编辑的需求对"素材源"窗口进行模式选择。中间部分是监视器。可在项目窗口或时间线窗口中双击素材，也可以将项目窗口中的任一素材直接拖至"素材源"监视器中将其打开。监视器的下方分别是素材时间编辑滑块位置时间码、窗口比例选择、素材总长度时间码显示。下方是时间标尺、时间标尺缩放器以及时间编辑滑块。下部分是"素材源"监视器的控制器及功能按钮。

有一些关键概念，介绍如下。

A. 入点和出点：当素材在"素材源"监视器播放时，点击监视器下方功能按钮的入点（"{"符号）和出点（"}"符号）来对素材进行剪裁（图9-3-9）。例如，一段3分钟的视频，在1′17″设置入点（点击"{"符号），在2′17″设置出点（点击"}"符号），就表示选取了此一视频1′17″～2′17″的片段。然后将视频由项目窗口拖入时间线窗口，节目源入点与出点范围之外的东西相当于切去了，在时间线中显示的是已经筛选过的1分钟时长的视频段落。

B. 插入与覆盖：通过入点与出点的设置完成了对视频段落的选取后，点击插入按钮，即将所选段落插入到时间标尺标记的插入点处，并将后面的素材后移；而选择覆盖按钮则会将插入点后面的素材覆盖掉（图9-3-10）。

图9-3-9　入点和出点

图9-3-10　插入与覆盖

② "节目"监视器。

"节目"监视器在很多地方与"素材源"监视器相似，同样包括设置出入点、插入、覆盖等功能。"素材源"监视器用于预览原始视频素材，而"节目"监视器用于预览下方时间线中编辑过的视频段落。

（3）时间线窗口

时间线窗口是以轨道的方式实施视频音频组接、编辑素材的阵地，用户的编辑工作都需要在时间线窗口中完成（图9-3-11）。素材片段按照播放时间的先后顺序及合成的先后层顺序在时间线上从左至右、由上至下排列在各自的轨道上，可以使用各种编辑工具对这些素材进行编辑操作。时间线窗口分为上下两个区域，上方为时间显示区，下方为轨道区。可以在无限数量的轨道上分层视频剪辑、图像、字幕。在时间轴上，放置在上方的轨道会覆盖其下方的内容。所以如果想让下方的视频轨道显现出来，就要为上方的剪辑轨道设置透明度或者缩小其比例。

图9-3-11 时间线窗口

图9-3-12 时间码和图标按钮

① 时间显示区。

时间显示区是时间线窗口工作的基准，承担着指示时间的任务。它包括时间标尺、时间编辑线滑块及工作区域。左上方黄颜色的时间码（图9-3-12）显示的是时间编辑滑块所处的位置。单击时间码，可输入时间，使时间编辑线滑块自动停到指定的时间位置。也可在时间栏中按住鼠标左键并水平拖动鼠标来改变时间，确定时间编辑滑块的位置。

时间码下方的三个按钮分别是："吸附""设置Encore章节标记"和"添加标记"（图9-3-12）。

点击"吸附"按钮，在时间线上拖动视频素材时，当两个视频素材靠近，就会自动生成一个黑色的边缘吸附线，并自动将素材吸附在一起，使两个素材之间不会交叉覆盖，也不会有缝隙。

时间线标尺的数字下方有一条细线，通常颜色为红色、黄色或绿色。当细线为红色时，其下方对应的视频段落需要渲染，黄色表明视频不一定需要渲染，绿色表明对应视频已经完成渲染。

时间标尺用于显示序列的时间。时间标尺上的编辑线用于定义序列的时间，拖动时间线滑块可以在节目监视器窗口中浏览影片内容。时间显示区最下方的灰色条形滑块有两个功能：点击滑块中间部分并左右移动滑块调节所显示的视频位置；点击滑块右侧深灰色小正方形部分并左右拉伸来控制标尺的精度，改变时间单位。

② 轨道区。

轨道是用来放置和编辑视频、音频素材的地方。用户可对现有的轨道进行添加和删除操作，还可将它们任意地锁定、隐藏、扩展和收缩。

影视编辑经常会涉及多条音轨的编辑，如旁白音频、同期对话音频、环境音频等。将这些声音各自独立放置在不同音轨上会使得编辑工作更加清晰便捷。当音频是伴随视频一同录制的同期声时，剪辑时要在视频轨道部分点击鼠标右键→解除音视频链接，这样对于音频的编辑（剪切或删除等）就不会对相应的视频部分产生影响。

（4）工具箱

工具箱是视频与音频编辑工作的重要编辑工具，可以完成许多特殊编辑操作（图9-3-13）。

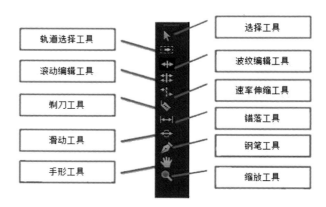

图9-3-13　工具箱

① 选择工具。

选择工具最主要的作用是用来选中轨道里的片段。点击轨道里的某个片段，该片段即被选中了。按下Shift键的同时点击轨道里的多段视频片段可以实现多选。

② 轨道选择工具。

用轨道选择工具点击轨道里的片段，被点击的片段以及其后面的片段全部被选中。如果按下Shift键点击不同轨道里的片段，则多个轨道里自不同点击处开始的所有片段都会被选中。该功能在轨道上的视频片段较多，需总体移动时比较方便。

剪辑时经常在视频段落之间留出几秒钟的空隙，之后一一手动移动来消除空隙会很麻烦。这时可用鼠标左键点击空隙处，当空隙处由深灰色变为浅灰色时，点击右键"波纹删除"，则该轨道上的所有视频片段会整体前移，与前一段落不重叠、无空隙地接合。

③ 波纹编辑工具。

将光标放到轨道里某一片段的开始处，光标变成黄色的向右中括号时，按下鼠标左键向左拖动可以使入点提前，从而使该片段增长（前提是该片段入点前面必须有余量可供调节）；按下鼠标左键向右拖动可以使入点拖后，从而使得该片段缩短。

同样，将光标放到轨道里某一片段的结尾处，当光标变成黄色向左中括号时，按下鼠标左键向右拖动可以使出点拖后，从而使得该片段增长（前提是该片段出点后面必须有余量可供调节）；按下鼠标左键向左拖动可以使出点提前，从而使得该片段缩短。

当用波纹编辑工具改变某片段的入点或出点，改变该片段长度时，前后相邻片段的出入点并不会发生变化，并且仍然保持相互吸合，片段之间不会出现空隙，影片总长度将相应改变（图9-3-14）。

图9-3-14　拉动波纹编辑工具的黄色括号改变入点

④ 滚动编辑工具。

与波纹编辑工具不同，用滚动工具改变某片段的入点或出点，相邻素材的出点或入点也相应改变，使影片的总长度不变。

将光标放到轨道里某一片段的开始处，当光标变成红色的向右中括号时，按下鼠标左键向左拖动可以使入点提前，可使该片段增长（前提是被拖动的片段入点前面必须有余量可供调节），同时前一相邻片段的出点相应提前，长度缩短；按下鼠标左键向右拖动可以使入点拖后，可使该片段缩短，同时前一片段的出点相应拖后，长度增加（前提是前一相邻片段出点前面必须有余量可供调节）。

同样，将光标放到轨道里某一片段的结尾处，当光标变成红色的向左中括号时，按下鼠标左键向右拖动可以使出点拖后，从而使该片段增长（前提是被拖动的片段出点后面必须有余量可供调节），同时后一相邻片段的入点相应拖后，长度缩短；按下鼠标左键向左拖动可以使出点提前，从而使得该片段缩短，同时后一相邻片段的入点相应提前，长度增加（前提是后一相邻片段的入点前面必须有余量可供调节）（图9-3-15）。

图9-3-15　拉动滚动编辑工具的红色括号改变出入点

如需精确调整片段间连接的场景时间关系，可用滚动工具粗调后再调出"修正监视器"，再在修正监视器中进行细调。

图9-3-16 "素材速度/持续时间"对话框

⑤ 速率伸缩工具。

用速率伸缩工具拖拉轨道里片段的首尾，可使该片段在出点和入点不变的情况下加快或减慢播放速度，从而缩短或增长时间长度。当然，还有一个比这个工具更好用、更精确的方法，即选中轨道里的某片段，然后右击鼠标，在快捷菜单里点击选择"速度/持续时间"，在弹出的"素材速度/持续时间"对话框里进行调节（图9-3-16）。

⑥ 剃刀工具。

用剃刀工具点击轨道里的片段，点击处被剪断，原本的一段片段被剪为两段。在未解除音视频链接的情况下，与视频对应的音频片段也会被剪断。当同期的音频轨为单独导入的mp3文件时，可以按下Shift键，选中音频和相对应的视频片段，然后点击鼠标右键，在快捷菜单中选择"编组"。这时，两段各自独立的音视频即被捆绑为同一片段，此时用剃刀剪辑视频片段，则相应的音频片段也会在同一时间点处被剪断。按下Shift键的同时点击轨道里的片段，则全部轨道里的音视频片段都在这一时间点被剪断。

⑦ 错落工具。

将错落工具置于轨道里的某个片段中拖动，可同时改变该片段的出点和入点，而片段长度不变。前提是出点后和入点前有必要的余量可供调节使用。同时相邻片段的出入点及影片长度不变。例如，时间轨道2分钟至3分钟处播放的是素材源A1分钟至2分钟的片段，使用错落工具向右滑动，则此时出点和入点均拖后，而时间轨道2分钟至3分钟处播放的则变成素材源A4分钟至5分钟的片段。

⑧ 滑动工具。

滑动工具与错落工具正好相反，将滑动工具放在轨道里的某个片段里面拖动，被拖动的片段的出入点和长度不变，而前一相邻片段的出点与后一相邻片段的入点随之发生变化，被挤向前或被推向后，前提是前一相邻片段的出点后与后一相邻片段的入点前有必要的余量可以供调节使用，而影片的长度不变。

⑨ 钢笔工具。

选择钢笔工具，在时间线窗口内的视频轨或音频轨上点击，可以在点击处创建关键帧。在关键帧的菱形点处单击鼠标右键，可以在快捷菜单中选择淡入和淡出等特效。

⑩ 手形工具。

用手形工具可以拖动时间线窗口里轨道的显示位置。要注意的是，轨道里的片段本身不会发生任何改变。

⑪ 缩放工具。

用缩放工具在时间线窗口点击，时间标尺将放大。按下Alt键同时点击，时间标尺将缩小。要注意的是，此处仅将片段在时间线窗口放大或缩小显示，轨道里的片段本身不会发生任何改变。

用缩放工具在轨道里的片段上拖出一个框，时间标尺会放大，使该框横向充满整个时间线窗口。

与缩放工具有着相同作用的是时间线窗口底部的缩放条（图9-3-17），拖动底部缩放条的两端，时间标尺也会随之缩小或放大。

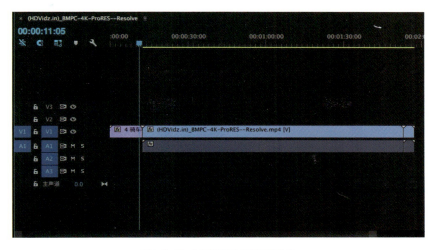

图9-3-17　时间线窗口底部的缩放条

　　一段素材的全部或一部分放到轨道里以后就叫作片段。如果该片段是素材的一部分，则其余部分就是余量。片段开始的位置为入点，片段结束的地方为出点，其相互关系如图9-3-18示意。

　　（5）信息面板

　　信息面板用于显示在项目窗口中所选中的素材的相关信息，包括素材名称、类型、大小、开始及结束点等信息（图9-3-19）。

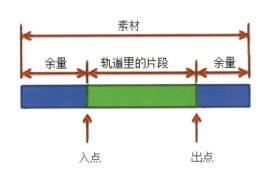

图9-3-18　素材、片段、余量、出点、入点

图9-3-19　信息面板

　　（6）媒体浏览器面板

　　媒体浏览器面板可以查找或浏览用户电脑中各磁盘的文件（图9-3-20）。

　　（7）效果面板

　　效果面板里存放了Premiere Pro CS6自带的各种音频、视频特效，切换效果和预设效果（图9-3-21）。用户可以方便地为时间线窗口中的各种素材片段添加特效。按照特殊效果分类为五大文件夹，而每一大类又细分为很多小类。如果用户安装了第三方特效插件，也会出现在该面板相应类别的文件夹下。

图9-3-20　媒体浏览器面板

图9-3-21　效果面板

（8）特效控制台面板

当为某一段素材添加了音频、视频特效之后，还需要在特效控制台面板中进行相应的参数设置和添加关键帧（图9-3-22）。制作画面的运动或透明度效果也需要在这里进行设置。此面板会显示应用到序列中所选剪辑的任意效果控件。每一段剪辑都拥有运动、透明度、时间重映射控件。每一个参数都可以配合关键帧设置进行调整。

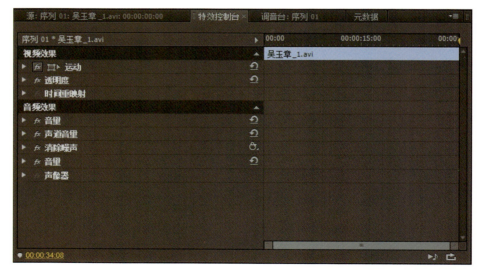

图9-3-22　特效控制台面板

（9）调音台面板

调音台面板主要用于完成对音频素材的各种加工和处理工作，如混合音频轨道、调整各声道音量平衡或录音等（图9-3-23）。此面板开看起来很像一台用于音频制作的硬件设备，它包括了音量滑块和平移旋钮等。还有一个专门的音频轨道混合器，可以将音频调整应用到每一个剪辑上。

（10）主声道电平面板

主声道电平面板是显示混合声道输出音量大小的面板。当音量超出安全范围时，在柱状顶端会显示红色警告，用户可以及时调整音频的增益，以免损伤音频设备（图9-3-24）。

图9-3-23　调音台面板　　　　　　　　　　　　　　　　　　图9-3-24　主声道电平面板

9.3.3　影片输出

影片输出的常见格式包括AVI、MPEG、MOV等。这些格式各有其优势与劣势。

AVI英文全称为Audio Video Interleaved，即音频视频交错格式，是将语音和影像同步组合在一起的文件格式。它对视频文件采用了一种有损压缩方式。尽管画面质量不是太好，但应用范围却非常广泛，可实现多平台兼容。AVI文件主要应用在多媒体光盘上，用来保存电视、电影等各种影像信息。

MPEG是运动图像压缩算法的国际标准，现已被几乎所有计算机平台支持。它包括MPEG-1、MPEG-2和MPEG-4等类型。MPEG-1广泛应用于VCD（Video Compact Disk）的制作，绝大多数的VCD采用MPEG-1格式压缩。MPEG-2多应用在DVD（Digital Video/Versatile Disk）的制作、HDTV（高清晰电视广播）和一些高要求的视频编辑、处理方面。MPEG-4是一种新的压缩算法，使用这种算法可将一部120分钟时长的电影压缩为300M左右的视频流，便于传输和网络播出。

MOV即QuickTime影片格式，它是Apple公司开发的一种音频、视频文件格式，用于存储常用数字媒体类型。MOV文件声画质量高，播出效果好，但跨平台性较差，很多播放器都不支持MOV格式影片的播放。

上述三种数字视频文件——AVI文件、MPEG文件和MOV文件，各自具有不同的格式、不同的压缩编码算法和不同的特性，必须要有相应的播放软件才能播放对应格式的视频文件。当然，有些播放软件也可以播放MOV和AVI等多种格式的文件。此外，我们还可通过软件或硬件将这三种主要视频文件的格式进行转换。

第 10 章　摄影摄像后期调色

10.1 图片输出设备的色彩管理

当我们在输出工作室打印照片时，绝大多数不够专业的输出工作室都会让你苦恼显示器的颜色和打印出来的结果相差很大。造成这种情况的原因就是使用者没有做好显示器电脑和打印机的色彩管理。如果色彩管理硬件允许，扫描仪、投影仪都是可以进行色彩管理的，但对于最实际的需求每一位摄影师和图像工作者最起码应该对自己的工作电脑和显示器进行正确的色彩管理，而一个合格的输出工作室应该对所有的工作电脑、显示器和打印机定期做色彩管理。

10.1.1 色彩管理的工具

比较流行的色彩管理校色仪硬件是爱色丽的Eye-One。有只能校正显示器的型号，也有更昂贵的既能校正显示器又能对打印机进行色彩管理的型号，后者往往捆绑着打印机纸张icc文件读取计算软件。

10.1.2 显示器的色彩管理

建立显示器设备的特性文件。显示器是否被正确地校正，是色彩管理的重中之重，显示屏实时预览色彩管理中所有的色彩。经过准确调整的显示器对于色彩管理的重要性不言而喻。对于打印机和打印纸，使用厂家提供的输出特性文件能得到较好的色彩管理效果。但对于显示器，每一台显示器都是单独测量定制它的特性文件。建立显示器特性文件的过程是将已知数值与测量数值做比较和调整的过程。对于显示器来说，建立特性文件的软件会在屏幕上显示一系列已知RGB值的色块，然后将这些颜色值与色彩管理硬件带的分光光度计的测量值比较，然后调整。根据测量的结果调整显示器的反差、RGB单独通道的明度和整体的明度。测量全部结束以后，显示器的ICC配置文件将被计算出来，我们要做的就是在电脑系统色彩管理软件中保存这个配置文件。

在要做色彩管理的电脑中装好色彩管理软件，把分光光度计连接在电脑USB接口上，打开软件，接好白点校正底座对分度计的白点测量、校正，将分光度测量仪挂到显示器上（图10-1-1），设好校准软件的白场和嘎玛目标值（图10-1-2）。目标白场使用标准白光D65（6500K），如果有标准印刷色温观察箱设为D50（5000K），目标嘎玛值设为2.2，白场亮度设置为90cd/m²。如果是专业的显示器，可以单独测量RGB每个颜色的亮度；如果没有RGB单独控制的显示器（如笔记本），那就把该选项去掉。

目标白场和亮度设置完成以后，分光头就开始测量RGB图标，这一步骤需要花费数分钟。

测量结束后将ICC配置文件命名、保存。

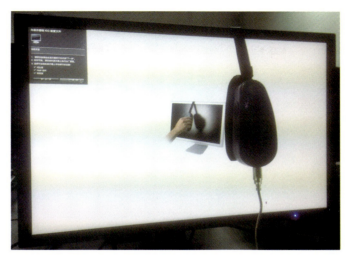

图10-1-1　将分光度测量仪挂到显示器上

图10-1-2　设好校准软件的白场和嘎玛目标值

　　显示器的校准和保存特性文件相对容易，目前的校准软件已经汉化，按照软件要求一步步操作即可。它极其重要，在色彩管理中也很关键。大多数人都希望能够信赖自己的显示器，那么做好色彩管理校准就是达到信任显示器的必经步骤。校准并不是一劳永逸，对于做输出工作连接打印机这样的电脑最好3～6个月重新校准一次。

10.1.3　色彩管理与打印机

　　对于打印纸来说，大品牌的打印纸厂商，比如爱普生、哈内姆勒等，它们通常会给出打印纸的特性文件名称，用户可以从厂家的网站下载对应纸张的icc特性文件，只需要下载到电脑里就可以使用它们了。但对于一些不知名厂牌的打印纸或者非打印纸材质（如绘画纸），或者想精确地对自己的打印机和纸张做色彩管理，那么拥有色彩管理的硬件就可以自己制作单独的打印纸的特性文件。

　　建立输出设备（打印机）的特性文件则稍复杂。当需要制作一个打印纸张的特性文件时，首先要关闭打印软件的色彩管理打印出一张标准的RGB颜色图表，比如GretagMacbeth公司的TC9.18RGB测试色标，然后在GretagMacbeth Measure应用程序中用色彩管理硬件的分光光度计测量头去扫描

图10-1-3　制作icc profile

这个颜色图表，生成了测量数据以后，再用ProfileMaker应用程序运算制作出用于这一打印纸张的icc profile（图10-1-3）。这样在使用这一打印纸张时，就能在打印软件里设置使用这一特性文件。

10.2　影视后期调色

在真实世界中有很多种颜色，而我们看到的只是一部分，当我们用摄像机拍摄视频时，因为硬件的拾取能力有限，所以在监视器上看到的颜色信息就更少了。所以说视频就是对相关颜色管理系统的一种展示，如何在一定量的范围内去把控自己想要的颜色信息，就是我们要去研究和学习的关键。

10.2.1　色彩空间（标准）

"色彩空间"又称作"色域"，我们经常用到的色彩空间主要有RGB、CMYK和Lab。色彩学中，人们建立了多种色彩模型，以一维、二维、三维甚至四维空间坐标来表示某一色彩，这种坐标系统所能定义的色彩范围即色彩空间（图10-2-1）。

可利用"色彩轮廓"与"色彩模型"定义"色彩空间"。

色彩模型是描述使用一组值（通常使用三个、四个值或者颜色成分）表示颜色方法的抽象数学模型。例如，三原色光模式（RGB）（图10-2-2）和印刷四分色模式（CMYK）都是色彩模型。

在色彩模型和一个特定的参照色彩空间之间加入一个特定的映射函数就在参照色彩空间中出现了一个明确的"区域"。这个"区域"称为色域图（图10-2-3），并且与色彩模型一起定义为一个新的色彩空间。例如，Adobe RGB和sRGB是两个基于RGB模型的不同绝对色彩空间。

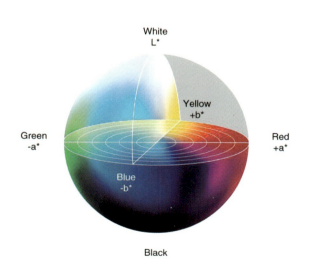

图10-2-1　色彩空间

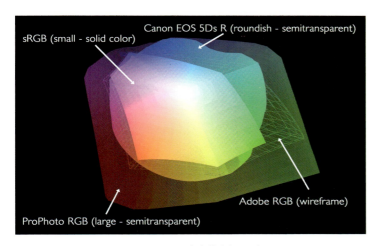

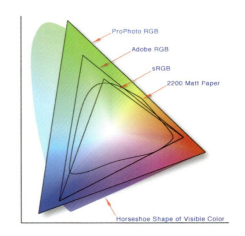

图10-2-2　三原色光模式（RGB）　　　　　　　　　　　　图10-2-3　色域图

　　许多人都知道在绘画时可以使用红色、黄色和蓝色这三种原色生成不同的颜色，这些颜色就定义了一个色彩空间。我们将品红色的量定义为X坐标轴、青色的量定义为Y坐标轴、蓝色的量定义为Z坐标轴，这样就得到一个三维空间，每种可能的颜色在这个三维空间中都有唯一的一个位置。但是，这并不是唯一的一个色彩空间。例如，可以使用RGB（红色、绿色、蓝色）色彩空间定义，红色、绿色、蓝色被当作X、Y和Z坐标轴；也可以使用色相、饱和度和明度来当作X、Y和Z坐标轴，这就定义了HSB色彩空间。

（1）色彩位深度（密度）

　　位深度用于指定图像中的每个像素可以使用的颜色信息数量（图10-2-4）。每个像素使用的信息位数越多，可用的颜色就越多，颜色表现就越逼真。可以这样计算，1位单通道色彩的图像只是黑色和白色两种色彩，如果一个图片支持256种颜色（如GIF格式），那么就需要256个不同的值来表示不同的颜色，也就是从0到255。用二进制表示就是从00000000到11111111，总共需要8位二进制数（二进制是计算技术中广泛采用的一种数制。二进制数据是用0和1两个数码来表示的数），所以颜色深度是8。将带有8位/通道（bpc）的RGB图像称作24位图像（8位×3通道＝24位数据/像素），也就是红、绿、蓝每个通道有8位或者256色级。基于这样的24位RGB模型的色彩空间可以表现256×256×256 ≈ 1670万色。

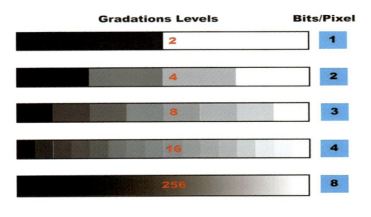

图10-2-4　色彩位深度

目前主要使用的图像质量是24bit或32bit颜色深度，它等于每通道8bit的R、G、B或每通道8bit的R、G、B、A（alpha）色彩通道的相加，而8bit表示每种原色具有256个灰阶，即0～255对应色彩从黑到白的灰度级别，10bit表示单色彩通道具有1024个灰度级别，色阶范围是0～1023。

（2）HSV与HSB

HSV（色相hue、饱和度saturation、明度value），也称HSB（B指brightness），是艺术家们常用的，因为与加法减法混色的术语相比，使用色相、饱和度等概念描述色彩更自然、直观（图10-2-5）。HSV是RGB色彩空间的一种变形，它的内容与色彩尺度及其出处——RGB色彩空间有密切联系。

HSL（色相hue、饱和度saturation、亮度lightness/luminance），也称HLS或HIS（I指intensity），与HSV非常相似，仅用亮度（lightness）替代了明度（brightness）（图10-2-6）。

二者区别在于，一种纯色的明度等于白色的明度，而纯色的亮度等于中度灰的亮度。

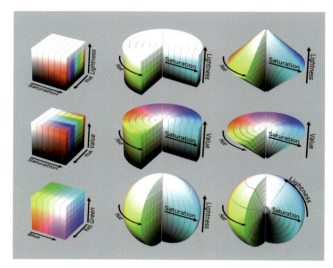

图10-2-5　HSV

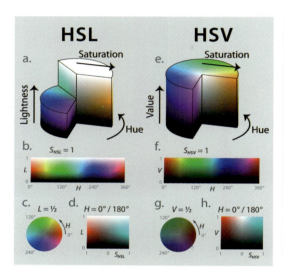

图10-2-6　HSL

10.2.2　什么是LOG格式

LOG一词来源于单词logarithm，也就是对数，它本质是一条平滑的S曲线，这个LOG算法编码具有"全局动态范围"的特点。摄像机能把捕获的影像信息素材变"灰"、变"平"，虽然看起来灰蒙蒙的，但能记录和容纳更多的亮部和暗部细节。通常胶片有十二档宽容度，而数码视频只有五档。在20世纪90年代，柯达公司研制出一套基于数字计算机的胶片扫描系统，这套系统叫Cineon System。胶转数的方式，用曲线形式压缩数码视频信号，压缩到适当的体积大小。数码LOG编码是被压缩了对比度的。这根曲线压低了高光，提亮了暗部，尽可能保留中间调的细节，所以LOG格式视频信号看起来灰蒙蒙的。

在压缩了大量的视频信号数据的基础上，LOG格式素材匹配和加载相应规范流程的LUT才能正确显示和进行电影级风格化调色，从而获得胶片般的效果。当然，随着技术的进步，现在的摄像机宽容度越来越大，LOG色彩空间已经变得非常广。专业级电影调色能呈现出的色彩也越来越丰富。

而LOG格式最早可以追溯到胶片时代，1980年亨特（Hurter）和崔菲（Driffield）发明出了H&D曲线，这是一种基于光密度法的胶片成像原理。而现代数码则起源于柯达。在1990年的时候柯达就已经研制出了一套基于数字计算机的胶片扫描系统。这套系统叫Cineon System，由扫描仪、工作站软件和记录仪三部分组成。这种方式是胶片转数码优化的方式。当然，LOG格式演变到现在，每个厂商都有自己的LOG算法。Arri的称为LOGC，SONY有s-LOG、s-LOG3，佳能的则是CLOG。值得注意的是，不同的算法所能记录的最亮值也不同，比如，Arri的LOGC能达到3500%，而佳能的CLOG只能达到800%。毕竟德国Arri研究胶片都有100多年的历史了，底蕴深厚。厂商们还会给自己的LOG做适合的LUT文件，比如著名的REC 709，其实就是Technical LUT的一种，在前期拍摄监看和后期调色时经常用到这套LUT。

　　LOG格式拍摄的视频优势在于可以保留更多的曝光，压缩了感光曲线，存储了更多的色彩空间等信息，加大了后期调整的空间。因而，最终制作出来的影像影调会更加丰富，层次感更强。

10.2.3 什么是3D LUT

　　LUT是Look Up Table的缩写，意为"查找表"。打开这个LUT文件，会发现里面有一堆数值，这是一堆原始RGB数值，而这些RGB数值的输入值将会转化成新的输出值。其本质就是把一种颜色的效果转化为另一种颜色效果，或者是灰度值转化为另一种灰度值。

　　当然LUT也是分种类的，有1D LUT跟3D LUT的分别。1D LUT只能控制gamma值、RGB平衡（灰阶）和白场（white point），而3D LUT能以全立体色彩空间的控制方式影响色相、饱和度、亮度等。简单来说，3D LUT可以影响颜色，而1D LUT只能影响亮度值（图10-2-7）。1D LUT变动某个颜色输入值只会影响到该颜色的输出值，RBG的数据之间是互相独立的。而3D LUT变动某个颜色值，会对三个颜色值造成影响，也就是说，任何一个颜色的改变都会对其他颜色做出改变（图10-2-8）。我们发现，大多数网络流传的基本都是3D LUT预设，因为除了亮度之外还要调节色彩的话，就只能选择3D LUT。

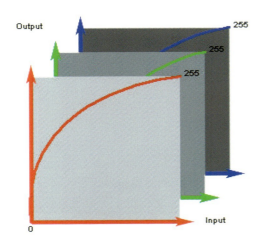

图10-2-7　1D LUT

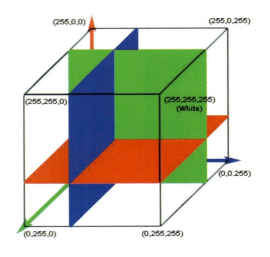

图10-2-8　3D LUT

　　LUT从用途上可以分为以下三种。

　　① 校准（calibrtion Lut），主要用于色彩管理中硬件和显示设备校准，比如现场监视器、调色平台监视器等。这种LUT能够确保经过校准的显示器可以显示尽可能准确的图像。

② 技术（Technical LUT），多用于不同色彩空间不同特性曲线下的转换，从LOG映射到Rec709即属于此种类型。简单来说现在的一些数码摄影机如RED Epic、Alexa等拍出的图像为LOG格式，看起来很灰很平，在现场工作环境中看这种灰的片子难以把握方向，这个时候套用LUT 档，套入REC709这些还原接近人眼的颜色，可以直接在摄影机外接的监视器中观看画面色彩有没有校正或者是不是自己想要的颜色。每个厂商对自己的摄影机提供相对应的能发挥性能的LUT。

③ 风格（Creative LUT/Looks LUT），为实现某种特定风格而制作的LUT，摄影指导在前期拍摄中制作并可现场预览的LUT。大多数是第三方提供的摄影风格化LUT，也有一些后期厂商为摄影机的需求提供的LUT。比如，达·芬奇自身为适应不同的摄影机需求而主动嵌入软件的LUT。这些文件有CUBE类型的，也有DXP类型的，从某种角度也可以成为调色LUT。

电影工业级调色流程对规格掌控要求非常严格。限定规范是为了更好的效果，所以无论是摄影机输出、监看、后期调色，都需要有套入LUT文件整理规范。

如何用单反实现电影级色调？在这里我们就简化流程，借用3D LUT预设模拟达到电影色调（图10-2-9）。

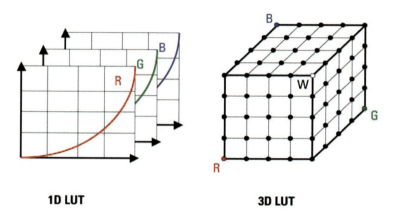

1D LUT　　　　**3D LUT**

图10-2-9　借用3D LUT预设模拟达到电影色调

当试图为每一种颜色找到其正确的数值时，以线性方式显示色彩可能造成配对错误。3D LUT的效果更佳，因为它们使用色彩空间产生色彩，能更加准确地显示色彩并减少校正误差。3D LUT有助于建立更好的色彩层次。当能够更佳配对色彩信息以建立更佳色彩重现时，尤其是在编辑过程或使用者处理色度、色调和亮度时，则可呈现更宽的色域范围和色彩饱和度，将一个色彩空间转换成另一个色彩环节的成效更佳。当将一种色彩空间转换为另一种色彩空间时，3D LUT更为精准，可减少原始色域中遗失的色彩信息。3D LUT的非线性行为改善了中间色彩渐层（图10-2-10），从而提高了灰阶准确度。

图10-2-10　3D LUT的非线性行为改善了中间色彩渐层

10.2.4 数字摄像机的曝光控制

曝光对于后期制作人员来说同等重要，必须要把可控的颜色完全记录下来，既不能过曝，又不能曝光不足，所以对于曝光点的选择，后期调色人员也要了解和精通。由于电影胶片和数字CCD的纳光能力和人眼相比仍然存在很大的差距，因此在实拍过程中，无论是使用胶片还是数字摄影机，都需要考虑在其纳光范围之内。因此对摄影师来说，对曝光的控制是一项非常重要的技能。在一条抽象的感光特性曲线上，如何精确地控制被摄物体的亮度范围和内部层次之间的亮度距离以及准确地反映创意意图的曝光点，往往被看成是一个摄影师技术和艺术的综合素质表现。

伽马（Gamma）：主要控制曲线的倾斜度，调整画面的反差。

黑伽马（Black Gamma）：主要改善画面暗部的影像层次。调整黑伽马可以扩展或者压缩画面暗部区域的范围，增加或者减少影像的暗部层次。

拐点（Knee）和斜率：主要是针对画面亮部细节层次的调节。

确定拐点的电平位置。拐点电平位置设置得越高，曲线对亮部区域的容纳范围越小，对画面中亮部层次的变形越不利；反之，拐点电平位置设置得较低，曲线对亮部区域的容纳范围会相应地增大一些，画面中亮部层次的改善也会较为明显。但是，如果拐点电平位置设置得低于一定幅度，则会过多压缩中灰部曲线上的展示间距和影像中灰部画面的层次。按照拍摄要求，拐点电平的最低位置不要低于标准视频电平幅度700毫伏的60%，按照实验建议一般将拐点设置在65%的数值上。

斜率表示拐点位置以上曲线的倾斜度。斜率的数值越大，拐点以上曲线的倾斜度就越大，容纳的亮部层次就越少；斜率的数值越小，拐点以上曲线的倾斜度就越小，容纳的亮部层次就越多。但是，如果斜率的数值过小，会使得拐点以上的曲线过于平坦，则会使亮部层次压缩得过多而变灰，使画面失去高亮部分而显得发闷。

10.2.5 后期调色

后期调色主要分为一级调色和二级调色。在这里我们结合后期调色软件davinci resolve来展开。

（1）一级调色

一级调色：对画面整体的调整，调整画面的反差和平衡。

反差是电影调光的传统叫法。反差也可以叫作画面的对比度，即画面中最亮像素的亮度值与最暗像素的亮度值的比值。

低反差场景：我们把从最明亮的强光区到最黑暗的阴影区的亮度值范围不超过3档光圈的场景定义为低反差场景。

高反差场景：我们把从最明亮的强光区到最黑暗的阴影区的亮度值范围不少于7档光圈的场景定义为高反差场景。

平衡就是红、绿、蓝三个通道亮度的分布情况。摄影师在前期拍摄时有可能在色温的调整上存在误差，所以在后期调色中可以对色温进行调整。当R、G、B三个通道的波形数值一样时，画面呈黑白的。例如，在拍摄人物广告时，背景是白色，就可以通过R、G、B三个通道的波形值拉平，从而帮助整个画面回归正确的曝光。

色轮调色是一种直观的调色方式，有两种操作模式：一级校色轮和Log模式。

① 一级校色轮。

一级校色轮中包含四组色轮，分别是Lift、Gamma、Gain和偏移（图10-2-11）。Lift值主要影响图像的暗调部分，但从图10-2-12来看，Lift的影响力从黑点到白点呈线性衰减。向左移动主旋钮，黑点到白点的距离增大了，中间的范围扩大了，暗部色调变暗。Gain值的调整与Lift类似，它主要影响画面的亮调部分，从白点到黑点也是呈线性衰减。Gamma值主要影响画面的中间调部分，不同于Lift与Gain的线性衰减，Gamma值的衰减是非线性的。向左移动主旋钮，图像变暗，对比度增强；向右移动主旋钮，图像变亮，对比度减弱。

图10-2-11　一级校色的四组色轮

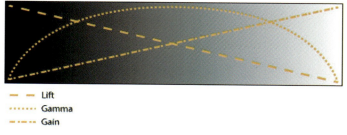

- – – Lift
- ······ Gamma
- –·–·– Gain

图10-2-12　色轮的作用

② Log模式。

Log色轮包括了阴影、中间调、高光和偏移4个色轮（图10-2-13）。虽然Log色轮与一级校色轮的布局类似，但对调色的影响效果却不同。Log的衰减模式都是非线性的，并且其影响的范围都是有限的。

图10-2-13 Log色轮

Lift、Gamma、Gain值的范围是固定的，不可以调整，而在Log模式下，不同影调的交叉范围是可以调整的，我们可以使用Log色轮面板底部的"暗部"和"亮部"参数来调整各个色调的范围（图10-2-14）。所以在Log色轮下，控制的颜色范围更加具体，但需要熟练掌握画面的颜色信息和对示波器的解读。

— — Shadow
········· Midtone
—·—·— Highlight

图10-2-14 使用Log色轮面板底部的"暗部"和"亮部"参数来调整各个色调的范围

（2）二级调色

二级调色是针对图像的某个局部进行调整。二级调色主要结合限定器工具、窗口工具以及跟踪器工具等软件技术，把特定要调色区域提取分离出来。二级调色的重点就是控制好选区，选区边缘处理得越准确，过渡越自然，最终局部调色的效果越理想。

① 限定器工具。

限定器工具是利用颜色的色相、饱和度、亮度信息控制其范围来分离特定区域的工具（图10-2-15），通过对最低值、最高值与边缘柔化等参数的控制，进而得到想要分离出的色彩范围。初学者可以通过色轮图来做练习。

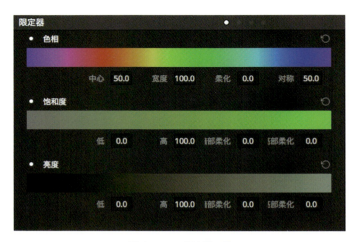

图10-2-15　限定器工具

② 曲线工具。

曲线工具是计算机绘图中最复杂的工具，用于调整图像的色度、对比度和亮度（图10-2-16）。左方和下方有两条从黑到白的渐变条。位于下方的渐变条代表着绝对亮度的范围，所有的像素都分布在0～255之间。位于左方的渐变条代表着变化方向，对于线段上的某一点来说，往上移动就是加亮，往下移动就是减暗。加亮的极限是255，减暗的极限是0。

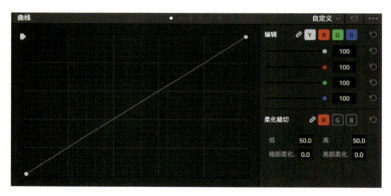

图10-2-16　曲线工具

③ 窗口工具与跟踪器工具。

在davinci调色中，通常是窗口工具与跟踪器工具相结合使用。窗口工具用于遮罩，可以快速地隔离出想要的区域。再结合跟踪工具，可以让各种窗口跟随画面中的移动物体进行移动、缩放、旋转甚至是透视变化。

④ Key键：可以理解为alpha通道。窗口工具和限定器工具都可以理解为是对Key键的具体行为工具。

⑤ 模糊和锐化：模糊工具经常运用到景深或者制造出朦胧的效果；锐化工具可以快速聚焦模糊边缘，提高图像中某一部位的清晰度或者聚焦程度。

⑥ 宽容度：记录画面最亮和最暗细节与层次的能力。宽容度高，画面最亮和最暗的光比会比较大，不同亮度的画面细节能被完好地记录下来；反之，宽容度低的话，光比呈现的能力就有限（相机）。

⑦ 18%度灰：科学家计算出普通场景中的光线"平均"为灰色级谱上中间影调的反射率，该影调位于纯白和纯黑的中点，即灰色级谱上的中间影调。常采用18%度灰板读取数据。测光表能够以产生18%度灰为曝光标准。当测光表指向一张18%度灰板时，测光表会给出一个推荐曝光，该曝光能产生与18%度灰板色调完全相同的照片。基于这个读数，它给出一个能够在成品照片上产生18%度灰影调的推荐曝光。

⑧ 24标准色卡：ColorCheckerR 24色块Classic目标是在众多色彩中一系列经科学配制的24个自然色、彩色、原色和灰度色块（图10-2-17）。这些色块大多代表自然物体，如人体皮肤、树叶和蓝天等。由于它们代表各自对应物的色彩，并且以同样的方式反射所有可见光谱中的光，所以这些色块可在任何光源下与其代表的自然物体的色彩相匹配，同时还可用于任何色彩再现流程。ColorChecker Classic还可用于数码相机创建白平衡，以确保在任何光照条件下都可产生准确、均匀的中性白。这些色块不只是与它们对应物体的颜色相近，而且在可见光谱下会与它们反射出相同的光。因为这个特性，色块在任何照明下用任何颜色再生过程都会与其对应自然物体的颜色相配。

图10-2-17 色卡

在davinci中可以用校色卡快速校色。色卡与镜头之间必须保证没有遮挡，色卡必须保证每次使用都没有污迹，色卡距离不能太远，一般位置在场记板附近。对色卡一般是由第二摄助或者是打板员操作的，方法有：先上色板对色卡再打板；色卡与板分别由两人手持，分别完成对色卡与打板工作；把色卡固定在场记板背后，先把场记板反过来对色卡，然后再正过来开始打板。

（3）示波器的作用

示波器可以帮助后期调色师对颜色进行准确的分析。当我们长期处于调色的工作阶段时，势必会产生视觉上的疲劳，同时存在一些正常的生理反应、迎合作用等。如果不结合示波器调色，只单独凭监视器肉眼判断的话，肯定会存在很多误差（图10-2-18）。示波器可以把颜色信息转换成图表的形式，用数值说话，这样调色的准确性就可以得到保证。常用的四种示波器分别是分量图、波形图、矢量图和直方图（图10-2-19）。

Simultaneous Contrast

图10-2-18　凭肉眼判断容易存在误差

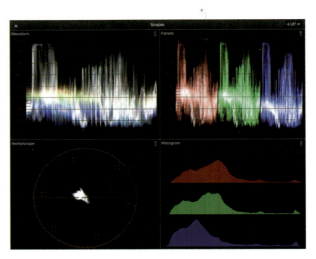

图10-2-19　示波器

① 波形示波器。

波形示波器的纵轴代表亮度，上面带有刻度数值的标注，数值的范围为0～1023（图10-2-20）；横轴——对应画面的横向位置。根据一张黑白渐变图片与其波形图示波器的比较，可以看出画面左部"0"数字的位置代表着像素点为纯黑色，画面右部"1023"数字的位置代表着像素点为纯白色，亮度最高。除这两点外都是灰色，对应画面从左到右。

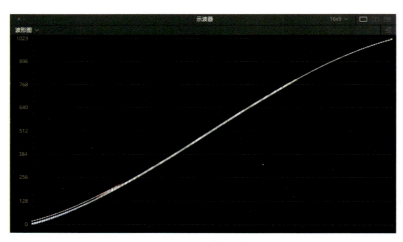

图10-2-20　波形示波器

图10-2-21是一张人像图片，对比它的波形图可以看出，R、G、B三通道的波形在示波器上清晰可见（图10-2-22）。人物面部R（红）通道的亮度最高，相应的波形图也是一样的。两边的白色背景也分别位于波形图的两侧，数值较高。

图10-2-21　人像

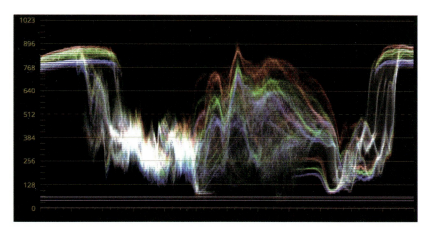

图10-2-22　R、G、B三通道的波形

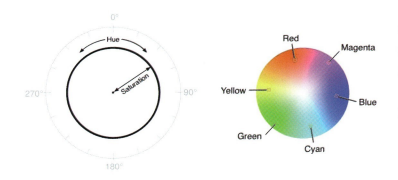

图10-2-23　矢量示波器

② 矢量示波器。

矢量示波器的外形类似于一个雷达表盘（图10-2-23），中间有一条十字线，沿着周围还有6个小方块，分别标注着R（红）、G（绿）、B（蓝）、C（青）、M（紫）、Y（黄）。矢量示波器主要是测量颜色的色相和饱和度的。越靠近边缘，色彩的饱和度越高。

矢量示波器显示的是极坐标矢量图形，矢量的幅度代表色度信号的幅度，即色饱和度；相角代表色度信号的相位，即色调。相角代表这6种信号颜色的正确程度。例如，黄色相角为167°，青色相角为283.5°，绿色相角为240.5°，紫色相角为60.5°，红色相角为103.5°，蓝色相角为347°。色同步信号的相角为±135°。在矢量示波器的显示屏上画有刻度网格，标注着彩条信号的标准位置及容许的误差范围等，以便监测。图中小方格内表示±2.5°及±2.5%幅度，大方格内表示±10°及±20%幅度。

观测色度信号的矢量图时，还需另用波形监视器观测波形。有的矢量示波器设有矢量与波形观测的转换按键。新型矢量示波器还具有自动测量、数据处理等智能化功能。

③ 分量示波器。

分量示波器就是把红（R）、绿（G）、蓝（B）各自的亮度波形图从左至右依次排列显示，纵向代表亮度值，越高越亮；反之，越低越暗。分量示波器除了可以分析图像的亮度之外，还可以分析图像的色相。分量示波器是与画面的区域一一对应的，它通过一列一列的计算来表示画面的分量信息。也就是说，分量图是与画面位置相对应的，所以大家看分量图时会觉得很简单、很轻松，因为它是具象的。下面我们通过两张图片对比来进一步了解分量示波器（图10-2-24、图10-2-25）。当我们把红色通道的亮度值向下调整时，整个画面就会往绿色和蓝色上偏（图10-2-26、图10-2-27）。

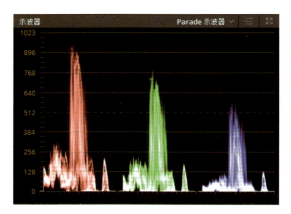

图10-2-24　分量示波器 1

图10-2-25　图片1

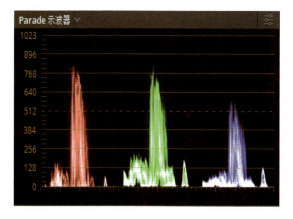

图10-2-26　分量示波器2

图10-2-27　图片2

④ 直方图示波器。

直方图的波形高低代表像素的多少，横向代表画面亮度，但是不和画面一一对应。

数码时代，直方图可以说是无处不在。无论是相机的显示屏还是后期PS、ACR的窗口，甚至色阶、曲线等工具中，都可以看到直方图的身影。（要理解直方图，绕不开"亮度"这个概念。人们把照片的亮度分为0~255共256个数值，数值越大，代表亮度越高（图10-2-28）。其中0代表纯黑色的最暗区域，255表示最亮的纯白色，而中间的数字就是不同亮度的灰色。人们还进一步把这些亮度分为了5个区域，分别是黑色、阴影、中间调、高光和白色。）

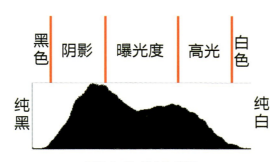

图10-2-28 直方图示波器

第11章 摄影摄像实训

11.1 人像摄影实训

11.1.1 实训简介

人像摄影实训主要训练学生以人物为中心的摄影创作能力。拍摄人物的能力在摄影的很多种题材创作中都有应用，所以拍摄人物的能力在摄影的创作活动中不可或缺。

训练学生在拍摄人物的过程中，如何全面地观察，抓住特点，强调特点，与模特交流、协调，以及在创作中如何更好地表现人物的内心世界和独特的个性。

人像摄影实训主要分为两个部分。第一部分是以人为中心的光线运用的创作，要求在摄影棚完成，主要训练学生对人工光线的掌控能力，学会使用外接闪光灯，掌握使用闪光灯塑造人物，包括人物的表情、动势和质感的刻画。第二部分是环境肖像的研究，主要训练学生对于非摄影棚人物的拍摄能力，主要是对于拍摄现场自然光的利用和现场光线与便携式闪光灯的协调和利用，以及对于人物和环境关系的控制与处理，寻找适合的环境、布景和道具。空间感的推进和质感的刻画给人物摄影创作带来更多的可能性和创作空间。

11.1.2 课堂实践及作业要求

（1）课堂实践

① 光位练习：摄影棚拍摄单个模特肖像，要求拍摄前侧光、侧光、侧逆光人像各一幅。

② 光比练习：摄影棚闪光灯练习，同一光线用不同的光比拍摄，光比为1∶2、1∶4、1∶8各一幅。

③ 自然光练习：以室外自然光为主，利用闪光灯或反光板为暗部补光，拍摄一幅室外人像。

④ 室内现场光练习：利用室内现场光和便携式闪光灯相结合拍摄一幅室内现场光的环境肖像。

（2）作业要求

① 两幅摄影棚肖像，要求布光合理，画面构图完整，人物没有错误的透视变形，影调丰富，能深入表现人物的外貌特征和内心世界。

② 两幅环境肖像，根据模特选择适合的环境和道具，利用现场光和人工光相结合，刻画人物主体，表现现场环境和气氛，保持创作态度严谨。

11.1.3 人像摄影的拍摄要点

（1）选择适合的拍摄方式

被摄者处于完全知情状态下的拍摄方式，即摆拍（图11-1-1）。

图11-1-1 摆拍 帕特里克·德马克林/摄

图11-1-2 抓拍 帕特里克·德马克林/摄

图11-1-3 偷拍 帕特里克·德马克林/摄

被摄者处于半知情状态下的拍摄方式，即抓拍（图11-1-2）。

被摄者处于完全不知情状态下的拍摄方式，即偷拍（图11-1-3）。

（2）选择适合的影调

选择适合被摄者的影调和光线在时尚人物摄影作品创作中是非常重要的。不同影调和光线适合不同的被摄者。

① 高调人像。

高调照片有助于表现柔和的影像。高调给人一种洁净、细腻的视觉感受（图11-1-4），相对于低调照片更有亲和力，更适合于女性和儿童的拍摄。活泼明亮的画面更有利于表现女性白皙的肌肤和轻盈的体态以及儿童天真活泼的神态。拍摄高调照片要求拍摄者在明亮的画面中勾勒细腻的影调，对于曝光的要求很高。在影棚中拍摄高调时尚人物照片应该注意对于暗部的补光和对于背景的照明。

② 低调人像。

与高调照片的效果相反，低调照片是一种完全不同的画面基调。低调照片阴影浓重、反差强烈，画面效果悠远深沉（图11-1-5），是拍摄男性和老人的理想用光方式。

图11-1-4　高调人像　李晨伟/摄

图11-1-5　低调人像　郝依娜/摄

图11-1-6 冷色调 张哲伟/摄

（3）选择适合的色彩

① 色彩的冷暖。

冷色调人物照片画面以蓝色、紫色、青色等冷色调为主，给人以寒冷、洁净、安宁的视觉感受（图11-1-6）。

暖色调人物照片画面以红、橙、黄等暖色调为主，给人以温暖、热烈、欢快的视觉感受（图11-1-7）。

② 色彩的对比与和谐。

对比调画面由两种对比色彩组成，如冷暖对比、补色对比等，给人以夸张、浓艳的视觉感受（图11-1-8）。

和谐调画面由几种同一色系的色彩组成，给人以和谐、统一、细腻的视觉感受（图11-1-9）。

③ 饱和度的高低。

高饱和度人物照片色彩鲜艳浓烈，视觉冲击力强，画面有张力，给人以活泼生动的视觉感受。不同的色彩搭配带来不同的视觉效果（图11-1-10）。

图11-1-7 暖色调 马圆/摄

图11-1-8 对比调画面 张哲伟/摄

图11-1-9　和谐调画面　郝依娜/摄　　　　图11-1-10　高饱和度人物照片　张哲伟/摄

低饱和度人物照片色彩素雅，气氛安静，影调细腻柔和，极具亲和力，给人宁静、淡雅的视觉感受（图11-1-11）。

（4）选择适合的环境与道具

① 环境。

环境和场景有助于说明被摄者的身份和内在气质。拍摄时尚人物作品时选择一个适当的环境和场景有助于说明被摄者的身份和个性以及生活方式与社会地位，同时也会烘托照片的戏剧气氛。一个被摄者熟悉的场地对放松被摄者心态很有帮助，被摄者容易找到日常生活和工作的状态（图11-1-12）。

图11-1-11　低饱和度人物照片　卢杨/摄　　　　图11-1-12　选择适合的环境　孙瑜侬/摄

②道具。

利用不同的道具可以起到不同的效果，可以帮助被摄者摆布出更多生动的动势，起到活跃画面的作用（图11-1-13）。被摄者所穿的衣物或是手边的任何东西都可以成为很好的道具，如衣服、背包等。被摄者把玩这些熟悉、简单的道具可以使其放松情绪，还可以改善被摄者不知如何摆布双手的状况。

（5）选择适合的位置和动势

① 对被摄者位置的摆布对构图的影响。

被摄者是画面的主体，是构图的主要构成部分，因而被摄者的位置对画面构图来说至关重要。通常的习惯是将被摄者安排在黄金分割点上，这样的安排会使画面看起来舒适而又均衡，避免了将被摄者安排在画面中央所产生的呆板、生硬的问题（图11-1-14）。对于被摄者的朝向，多数的视觉习惯是将大部分的空间留在脸部前方，避免画面出现失重的感觉（图11-1-15）。当然，特殊的构图形式会帮助摄影者实现特有的拍摄意图。

② 对被摄者动势的摆布对构图的影响。

被摄者的动势对画面构图的影响也是非常重要的。被摄者的动势安排不当不但会使被摄者显得乏味又不文雅，还会使画面在视觉上产生失重或不稳的感觉（图11-1-16）。而动势安排得精彩不仅能隐藏被摄者的缺点，突出被摄者的优点，还能起到活跃画面和均衡构图的作用（图11-1-17）。某些典型的动势甚至还能起到说明被摄者身份和显示被摄者个性的作用。

图11-1-13　选择适合的道具　王钰莹/摄

图11-1-14　位置居中，画面呆板缺少变化

图11-1-15　改变拍摄角度，不但构图有了变化，而且增加了身体的曲线美

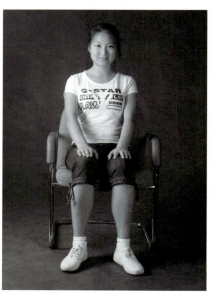

图11-1-16　手指和双腿因透视而过分变形，且双腿分开显得呆板又不文雅

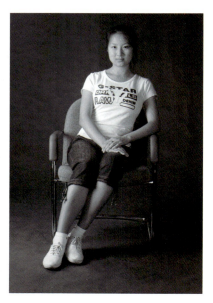

图11-1-17　将两腿合拢稍微倾斜，不但活跃了画面，而且双腿形成了优美的线条

图11-1-18　自然的表情、专注的神态　刘怡然/摄

（6）留住精彩的表情和神态

画面中人物的表情和神态是画面的灵魂因素。抓取被摄者最佳的神态是时尚人物摄影作品成功的重要因素之一。抓取最佳神态更有利于渲染气氛和突出主题。自然的表情、专注的神态，是一张成功作品的灵魂（图11-1-18）。

① 人物的表情和神态对人物照片的气氛有很大的影响，严肃、专注的神态会使人物照片呈现出凝重深沉的气氛，喜悦、欢快的表情和神态会使人物照片呈现出轻松愉快的气氛。

② 夸张的表情和神态使人物照片的画面更有张力，拍摄被摄者狂笑、极度愤怒等表情和神态能使画面呈现出一种特殊的张力和视觉冲击力（图11-1-19）。

图11-1-19 夸张的表情和神态 帕特里克·德马克林/摄

③ 特殊的表情和神态会使人物照片产生不同的戏剧效果，抓取被摄者恐惧、轻蔑、怀疑等不寻常的表情，会使人物照片呈现出一种意想不到的戏剧效果（图11-1-20）。

图11-1-20 特殊的表情和神态 理查德·艾维登/摄

11.1.4 不同题材人像照片的拍摄

（1）摄影室肖像

这类肖像需要在摄影棚内完成，所以拍摄正式肖像对摄影者来说是一种考验。摄影者需要利用摄影棚内有限的资源创造出一个适合被摄者的空间，这需要摄影者能够熟练地运用摄影棚里的设备。在摄影棚里工作有一个独特的优势，那就是照明光线的强度、方向和质量，还有背景的颜色和距离都是可以自由控制的。被摄者将完全配合摄影者，按照摄影者的意愿来摆布动势，而且摄影者的拍摄环境也是相对安静的，拍摄的时间也相对充裕，所以拍摄这类肖像可以通过协调这些因素来改善拍摄的状况（图11-1-21）。

（2）环境肖像

环境肖像也是一种传统的人物摄影类别。它以丰富灵活的记录方式广泛地存在于人们的日常生活中，记载着人们的生活和人们所生活、工作的环境。环境肖像通常反映人们真实的生活方式，记录人们日常的形象和状态（图11-1-22）。拍摄环境肖像通常就地取材，利用现场的光线和环境来表现人物的内在素养与气质。这类摄影作品需要拍摄者具有选择和利用现场光线与环境的审美能力和控制能力。

图11-1-21　摄影室肖像　帕特里克·德马克林/摄

图11-1-22　环境肖像　赫尔穆特·牛顿/摄

时尚人物摄影中的某些表现题材也可以从环境肖像中获取养分，尤其是对环境如何作用于人物气质揭示的处理上。

11.2 影视摄影基础实训

11.2.1 实训简介

该实训主要解决的是学生在静态的图片摄影训练之后，进行动态的影视摄影拍摄训练，因此在这个实训中，学生要了解电影摄影特别是数字影视的原理和影像特点。本实训涉及的范围较多，一是技术，二是影视摄影的基本镜头规律。要熟悉影视摄影的基本技术，如曝光、色温控制、对景深的运用等，在此基础上学习影视画面的基本概念，初步掌握影视视听的语言及基本法则，如景别的定义与分类、景别的作用、运动镜头的基本规律、基本的镜头调度、镜头所指、镜头的类型、镜头光线、影视摄影的构图等。在实训讲授中，两者要结合起来讲授，既要有单纯的定义讲授，也要有画面分析。

11.2.2 作业要求

学生分组作业，每组选取大约5分钟的电影片段进行临摹拍摄，要求做到景别、影调、光线结构、镜头组接相似，美术、服装、道具相似。剪辑后能够成为完整的电影片段（图11-2-1至图11-2-3）。

图11-2-1　作业1：《假如爱有天意》

图11-2-2 作业2：《肉》

图11-2-3 作业3：《凌晨三点》

在作业准备阶段，学生要将准备翻拍的电影片段拉片，仔细分析每一个镜头，包括景别、光线、运动、画面内容、镜头长度等，最后形成一个故事板（附图）。这种工作习惯可以保证拍摄时尽可能与原片一致，也可以使全组工作人员明确每个镜头应该做到什么样的效果。

参考文献

[1] [美]美国纽约摄影学院. 美国纽约摄影学院摄影教材[M]. 李之聪，李孝贤，魏学礼，俞士忠，译. 北京：中国摄影出版社，2000.

[2] [美]本·克莱门茨，[美]大卫·罗森菲尔德. 摄影构图学[M]. 姜雯，林少忠，李孝贤，译. 北京：长城出版社，1983.

[3] [美]Bruce Fraser，[美]Chris Murphy，[美]Fred Bunting. 色彩管理[M]. 刘浩学，梁炯，武兵，等，译. 北京：电子工业出版社，2005.

[4] 张会军. 电影摄影画面创作[M]. 北京：中国电影出版社，1998.

[5] 刘立宏. 鲁迅美术学院摄影系：摄影专业教程[M]. 北京：中国摄影出版社，2008.

[6] 林韬. 电影摄影应用美学[M]. 北京：中国电影出版社，2009.

[7] 刘智海. 摄像与影像制作[M]. 上海：上海人民美术出版社，2013.

[8] 陈汝洪. 影像构成基础[M]. 北京：北京联合出版公司，2016.

[9] 刘立宏，林简娇. 闪光30——鲁迅美术学院摄影系[M]. 长春：吉林美术出版社，2015.